KB152575

요리의 여신

요리의 여신

여자에서
아내로

박윤영 지음

다독다독

/ 프롤로그 / 쉬운 요리의 첫걸음

Level 1

여자에서 아내로! 결혼과 함께 요리를 시작하다.

바빠도 아침은 필수! 간단한 아침상

매일 조금씩! 제철 반찬 & 국물 요리

하루 날 잡고 만들면 일주일이 편해지는 밑반찬

퇴근 후 후다닥 만들어 먹는 한 그릇 요리

+ Tip

Level 2

요리가 좋아!
부엌은 나의 놀이터

오래 두고 먹는 저장 음식, 김치와 장아찌

남편 기 살려주는 애정 듬뿍 도시락

남편의 칼퇴근을 보장하는 인기만점 술안주

휴일 느긋하게 즐기는 간식

+ Tip

이젠 나도 요리의 여신!

기념일, 집들이를 위한 파티 요리

부모님 생신 상차림

정성 가득 명절 요리

센스 만점 디저트 & 홈베이킹

+ Tip

작가의 말

◇◇◇◇◇◇◇◇◇◇◇◇◇

따르릉~ 경쾌한 알람 소리에 눈 비비며 일어난 아침.
저의 하루는 항상 따스한 햇살 가득한 부엌에서 시작됩니다.

어릴 적 저에게는 작은 꿈이 있었어요.
하얀 레이스가 달린 앞치마를 두르고, 언제나 환한 미소로 밥상을 준비하셨던 엄마.
나도 언젠가 결혼하면 엄마처럼 예쁘게, 근사한 요리들을 척척 만들고 싶다는
소박하고도 작은 꿈 말이죠.
그런데 고등학생이 되고, 대학생이 되고 또, 바쁘게 사회생활을 하면서
어느샌가 그 꿈을 잊고 살았어요.
그러다 결혼을 하면서 저는 행복한 가정과 함께 요리에 대한 열정까지 선물 받았답니다.

올해로 주부 8년 차인 저는 아직 연륜을 말할 나이가 아니고
요리를 정식으로 배우지도 않았지만,
모든 것이 서툴렀던 새댁 시절부터 오늘에 이르기까지
성공과 실패를 거듭하며 터득한 요리 노하우와 친정엄마와 시어머니께 배운 비법을 바탕으로
누구나 쉽고 맛있게 만들어 먹을 수 있는 메뉴들을 이 책에 담았습니다.

누군가를 위해 요리한다는 것은 사랑하는 마음을 전달하는 가장 쉬운 방법이라 생각합니다.
맛있으면서도 건강한 요리를 사랑하는 남편과 아이들, 가족에게 만들어주고 싶은 건
모든 주부의 바람 아닐까요?
이제 막 요리를 시작하는 분들도 자신 있게 도전해보세요.
그저 어렵게만 생각되던 요리, 또는 의무감에 시작했던 요리가
이 책으로 인해 즐거움과 행복이란 양념이 더해지면서 더욱 맛있고 풍성해지길 바랍니다.

마지막으로 제가 만드는 요리에 늘 엄지손가락 척 올려주는 남편,
옆에서 든든한 힘이 되어준 가족,
모두 감사하고 사랑합니다.

2014년 동글이 박윤영

◇◇◇◇◇◇◇◇◇◇◇◇◇

쉬운 요리의 첫걸음

기본 계량법

"할머니가 해주시는 나물이 맛있어서 그 비법을 여쭤봤더니, 간장과 소금, 들기름을 적당히 넣고 조물조물 무치라고 일러주셨어요. 그 "적당히"라는 말이 참 어려웠는데요. 맛있는 요리를 만들기 위해서는 재료와 양념의 양을 제대로 맞추는 게 중요해요."

계량 도구 사용하기

레시피대로 만들었는데도 맛이 나지 않아 고민이라면 계량 도구를 제대로 사용해야 해요. 레시피에 나와 있는 1큰술, 1작은술, 1컵의 정확한 양을 알아야 누가 만들어도 같은 맛이 나오거든요. 계량컵은 보통 1컵, ½컵, ⅓컵, ¼컵으로 네 가지 용량이 한 세트로 되어 있거나 눈금이 표기된 경우가 많죠. 우리나라와 일본에서 사용하는 계량컵은 1컵이 200mL, 미국은 240mL에요. 따라서 레시피를 볼 때 1컵의 용량을 확인하는 게 좋아요.

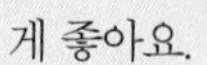

계량스푼은 1큰술은 15mL, 1작은술은 5mL에요. 고춧가루나 설탕 같은 가루를 잴 때는 계량스푼에 재료를 듬뿍 얹은 뒤 윗면을 젓가락 등으로 반듯하게 깎아요. 간장이나 식초, 참기름 같은 액체류는 가득 담아 계량합니다.

계량 저울을 사용할 때는 바늘 눈금이 0인 것을 확인한 후 저울 접시 중앙에 재료를 놓고 계량해요.

계량스푼이 없다면?

계량스푼이 없을 때는 밥숟가락으로 대신할 수 있어요.

가루 분량 재기

1큰술(15mL) 밥숟가락으로 수북이 떠서 위로 볼록하게 올라오도록 담아요.

½큰술(7.5mL) 밥숟가락 ½ 정도만 볼록하게 담아요.

1작은술(5mL) 밥숟가락 ⅓ 정도만 볼록하게 담아요.

액체 분량 재기

1큰술 밥숟가락으로 2번 담아요.

½큰술 밥숟가락으로 1번 담아요.

1작은술 밥숟가락으로 ⅔ 정도만 담아요.

장류 분량 재기

1큰술 밥숟가락으로 수북이 떠서 위로 볼록하게 올라오도록 담아요.

½큰술 밥숟가락 ½ 정도만 볼록하게 담아요.

1작은술 밥숟가락 ⅓ 정도만 볼록하게 담아요.

손으로 분량 재기

콩나물(한 줌) 손으로 자연스럽게 한가득 쥐어요.

시금치(한 줌) 손으로 자연스럽게 한가득 쥐어요.

국수(1인분) 500원짜리 동전 굵기로 가볍게 쥐어요.

종이컵으로 분량 재기

계량컵으로 1컵은 200mL, 종이컵으로 1컵은 180mL에요. 1컵 분량을 계량할 때엔 종이컵 가득 담고, 밥숟가락으로 1큰술과 1작은술 만큼의 양을 더해주면 됩니다.

채소 써는 방법

"재료를 써는 방법만 달리해도 각기 다른 요리가 탄생해요. 언제 채 썰고, 어떤 음식을 깍둑 썰기나 편 썰기 할지, 어떻게 돌려 깎고 어슷 썰기 할지 알려드릴게요."

깍둑 썰기

채소나 과일 등을 직육면체로 써는 것으로 대략 가로세로 1.5cm 정도로 썰어요. 주로 깍두기나 찌개 속 재료를 썰 때 활용하는 방법이지요.

반달 썰기

재료를 반으로 자른 후 반달 모양을 살려 두께감 있게 써는 방법. 또는 통 썰기 한 것을 다시 썰어 반달같이 써는 것을 말해요. 찜, 조림, 볶음, 비빔밥 등에 많이 활용합니다.

다지기

아주 잘게 써는 방법으로 조리법에 따라 굵기를 달리해요. 파, 마늘, 고추 등을 곱게 다져 양념에 활용하기도 하고, 완자를 만들 때도 쓰여요.

채 썰기

가장 일반적인 썰기 방법으로 우리 음식을 만들 때 두루 활용됩니다. 무, 당근, 감자 등의 재료를 납작하게 썰어준 후 다시 일정한 두께로 얇게 썰어요. 주로 생채는 곱게, 볶음용은 조금 두껍게 썰어요.

통 썰기

재료의 모양을 살려 평행하게 내려 써는 것으로 재료나 조리 방법에 따라 두께를 달리해요. 튀김이나 전, 구이, 국, 조림, 절임 등에 두루 활용해요.

돌려 깎기

재료 겉 부분만을 활용할 때 써는 방법으로 무, 당근, 오이 등의 겉면만 껍질을 벗기듯이 돌려 깎아요. 돌려 깎기는 그대로 이용하기보다는 다시 길게 채를 썰어 사용하는 경우가 많은데, 음식이 단정하고 정갈하게 보여 손님상에 좋아요.

나박 썰기

재료를 얇고 네모난 모양으로 써는 것을 말해요. 보통 무, 당근 등을 썰 때 쓰는 방법으로 가로세로 길이가 3cm 내외, 두께는 3mm 내외로 썹니다. 국, 찌개, 탕에 활용하지요.

어슷 썰기

고추, 대파 등을 비스듬히 자르는 방법으로 찌개나 국에 주로 활용하고, 썰어진 단면이 넓어 재료의 맛이 배기 쉽고, 조림에 좋아요.

편 썰기

재료의 모양 그대로 얇게 써는 것으로 주로 마늘을 얇게 자를 때 활용하는 방법이에요. 볶음 요리에 향신채로 사용하기도 하고, 국이나 절임 요리에 사용하기도 해요.

송송 썰기

대파, 쪽파, 고추 등 향신 채소의 단면을 살려 동그랗고 일정한 두께로 써는 방법. 주로 국이나 찌개에 넣거나, 완성된 요리에 올려 먹음직스럽게 보이도록 하지요.

맛있는 밥 짓기

잘 지은 밥 한 그릇이면 별다른 반찬 없이도 맛있는 식사를 할 수 있어요.
요즘은 똑똑한 밥솥이 알아서 맛있는 밥을 지어주지만, 사실 밥물 맞추기가 그리 쉽지만은 않아요.
고슬고슬 맛있는 밥 짓기의 비밀! 쌀 고르는 법부터 차근차근 알려드려요.

쌀 고르기

맛있는 밥 짓기의 기본은 당연히 좋은 쌀을 고르는 것이지요. 쌀은 광택이 있고 쌀알의 형태가 균일한 게 좋아요. 또 손으로 살짝 눌렀을 때 쉽게 부서지지 않아야 해요. 묵은 쌀은 햅쌀보다 맛이 떨어지므로 벼의 수확 연도와 쌀의 도정 일자를 확인해요. 도정 날짜가 구입일과 최대한 가까운 것을 골라야 맛있어요. 쌀은 도정 후 30일 이후부터 서서히 화학적 변화가 시작되기 때문에 한꺼번에 많은 양을 구매하기 보다는 적은 양을 자주 구매해 먹는 것이 더 맛있답니다.

쌀 씻기

맛있는 밥을 지으려면 쌀을 잘 씻어 불려야 해요. 볼에 쌀을 담고 물을 가득 부은 후 잘 저어 첫 물을 재빨리 버려요. 그래야 쌀에 묻어 있던 먼지가 잘 떨어져요. 그리고는 쌀을 손바닥으로 부드럽게 문지르듯 씻고 4~5회 헹구면 됩니다.

쌀 불리기

쌀의 종류에 따라 불리는 시간도 제각각 달라요. 일반 쌀은 30분~1시간 정도, 찹쌀이나 콩, 현미, 흑미 등은 3~4시간 불려요. 수수나 검은콩은 5~6시간 불리고요. 보리나 팥, 녹두는 오래 불려도 잘 익지 않으므로 넉넉한 물에 20분 정도 삶은 다음, 불린 쌀과 섞어 밥을 지어요.

밥물 맞추기

전기밥솥 쌀 1.2배 양의 물을 넣고 밥을 지어요. 취사가 끝나면 보온으로 넘어가는 단계가 뜸을 들이는 과정인데, 10분 정도 두었다가 뚜껑을 열어 밥을 골고루 뒤섞어 줍니다. 이렇게 해야 취사할 때 바닥에 생기는 습기로부터 밥이 질어지는 것을 막을 수 있고, 찰기가 유지됩니다.

냄비 냄비 역시 쌀 1.2배 양의 물을 넣고 밥을 지어요. 냄비는 쌀을 넣은 높이보다 2~3배 정도 깊은 냄비를 고르면 좋아요. 센 불에서 10분 정도 가열하다가 중간 불로 줄여 5분 끓이고, 다시 약한 불로 줄여 10분간 뜸을 들여요.

압력솥 압력솥은 평소보다 물을 적게 잡아요. 쌀 1.1배 혹은 같은 양을 넣고 밥을 짓는데, 압력솥은 현미밥이나 잡곡밥을 지을 때 좋아요. 가열이 완료되면 불을 끄고 압력을 빼며 뜸을 들여요. 압력이 완전히 빠진 후 뚜껑을 열고 밥을 골고루 섞어줘요.

돌솥 또는 뚝배기 일반 냄비보다 수분이 많이 증발되므로 쌀을 충분히 불려요. 돌솥이나 뚝배기는 불 조절이 중요한데, 센 불에서 10분가량 끓이다가 밥물이 끓어 오르면 불을 최대한 줄인 후 약한 불에서 5분간 뜸을 들여요. 그런 다음 불을 끄고 잔열로 10분 정도 더 뜸을 들였다가 밥을 골고루 섞어 주면 됩니다.

*위의 4가지 밥물 맞추기는 백미 기준이므로, 현미나 잡곡으로 밥을 지을 때에는 쌀 양 1.5배의 물을 넣어요.

쌀 보관하기

쌀은 15℃ 정도의 서늘하고 건조한 곳에 보관해야 수분이 유지되면서 맛이 좋아요. 보관은 항아리나 쌀 전용 용기 또는 유리병이나 페트병에 보관하는 게 좋아요. 종이봉투는 쉽게 눅눅해질 수 있으므로 피하는 게 좋아요. 쌀벌레가 생기기 쉬운 여름에는 햇빛이나 습기가 없고 바람이 잘 통하는 곳에 보관해요. 냉장고의 야채 칸이나 김치 냉장고에 보관해도 좋아요.

간장 고르기

신혼 시절, 간장 사러 마트에 갔다가 당황했던 기억이 있어요. 수많은 종류의 간장 중에 어떤 걸 골라야 할지 선뜻 손이 가질 않았죠. 다 같은 간장인 줄 알았지만, 간장도 용도와 맛에 따라 세분화되어 있다는 사실. 요리를 하면 할수록 양념의 중요성을 새삼 깨닫게 됩니다. 간장은 크게 재래식 집간장과 진간장, 양조간장, 국간장으로 구분하고, 추가 성분에 따라 맛간장, 어간장, 저염간장 등도 있어요. 재료와 조리법에 따라 알맞은 간장을 사용한다면 음식 맛이 한층 더 깊어질 거예요.

진간장

진간장은 주로 열을 가하는 요리에 사용해요. 조림이나 볶음, 갈비찜 등의 요리에 적합하지요. 옛날 방식 그대로의 진간장은 보통 3~5년 정도 발효시켜 만들지만, 요즘 슈퍼에서 흔히 볼 수 있는 진간장은 숙성기간 없이 화학 간장에 양조간장을 혼합해 일본식으로 만들어진 것으로 왜간장이라고도 불러요. 진간장은 열을 가해도 맛이 잘 변하지 않고 감칠맛이 돌며 단맛이 나는 게 특징이지요.

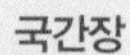

국간장

국이나 찌개, 탕 등 국물이 자작한 요리에 많이 사용해요.

콩으로 만든 메주를 소금에 띄워 발효시킨 것으로 조선간장이라고도 불러요. 짠맛이 강하지만 간장색이 탁하거나 진하지 않고 맛이 깔끔하고 담백해서 국이나 찌개 같은 국물 요리의 간을 맞추기에 적합해요. 국간장을 이용할 때에는 국간장으로 먼저 맛을 내고, 모자란 간은 소금을 넣어주어야 국물이 깊고 풍미가 있어요.

양조간장

나물이나 밑반찬, 양념장, 생으로 즐기는 요리를 만들 때 주로 사용해요.

양조간장은 콩과 밀을 혼합해서 만든 메주를 장기간 발효하고 숙성시켜 만든 것이기 때문에 맛과 향이 풍부해요. 뿐만 아니라 빛깔이 진하고 단맛이 나지요. 나물이나 밑반찬을 만들 때 이용해도 좋고, 드레싱이나 양념장을 만들 때에도 두루두루 활용해요.

맛간장

만능 간장으로 조림이나 각종 요리에 두루 활용할 수 있어요. 마늘이나 양파와 같은 향신 채소나 사과와 배 같은 각종 과일을 간장과 함께 달여 만든 것으로 향이 좋고 풍미가 강해 어떤 요리에 넣어도 감칠맛을 낸답니다.

저염간장

짠맛은 그대로 유지하되 염도만 낮춘 간장으로 일반 간장보다 염도가 20~25%가량 낮은 대신 간장의 맛과 향은 그대로 유지하고 있어요. 싱겁게 먹어야 하는 환자식이나 유아식, 그리고 건강을 생각하는 일반식에 이르기까지 다양하게 활용해요.

참치간장

양조간장에 참치 추출액을 넣어 만든 깊은 맛의 향신 간장이에요. 참치에는 천연 감칠맛 성분인 이노신산이 많아서 인공조미료가 낼 수 없는 깊고 풍부한 맛을 내요.

참깨간장

참깨로 만든 간장으로 일반 간장에 비해 고소한 것이 특징이에요. 고소한 맛을 살리는 음식에 활용하면 좋아요.

해물간장

멸치액젓과 새우 진액을 비롯한 각종 천연 해물을 이용해서 만든 간장으로, 진한 감칠맛이 특징이에요. 매운탕이나 해물이 들어간 찌개 요리에 활용하면 좋아요.

고추장 양념&간장 양념

"요리에 익숙해지기 전에는, 음식 맛을 결정하는 양념장 만드는 게 가장 어렵게 느껴져요. 한번 알아두면 여러 요리에 두루두루 사용할 수 있고, 좋아하는 재료를 입맛에 맞게 가감하면 활용도가 더욱 높아지는 만능 고추장 양념과 간장 양념을 소개합니다."

볶음 양념장

고추장 2큰술, 고춧가루 1큰술, 간장 1큰술, 식초 1큰술, 매실청 2큰술, 설탕 1작은술, 다진 마늘 1큰술, 다진 실파 1작은술, 참기름 1작은술

찌개 양념장

고추장 1큰술, 고춧가루 1큰술, 간장 1큰술, 다진 마늘 1큰술, 청주 1큰술, 생강즙 ¼작은술, 후춧가루 약간, 물 ½컵, 어슷 썬 대파 ½대

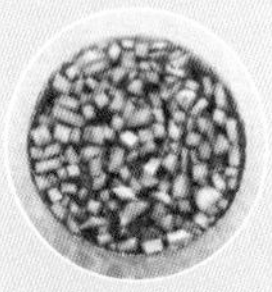

불고기 양념장

간장 4큰술, 배즙 4큰술, 다진 마늘 2큰술, 다진 양파 2큰술, 설탕 1큰술, 맛술 2큰술, 참기름 1큰술, 후춧가루 약간

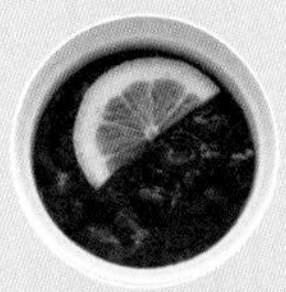

비빔 양념장

고추장 3큰술, 고춧가루 1큰술, 간장 1큰술, 올리고당 1큰술, 설탕 1작은술, 다진 양파 2작은술, 다진 마늘 2작은술, 참기름 1큰술, 레몬즙 1큰술

나물 무침 양념장

고추장 3큰술, 다진 실파 2큰술, 다진 마늘 ½작은술, 들기름 1큰술, 들깨 2작은술

장아찌 절임장

간장 1컵 반, 식초 1컵, 물 2컵, 설탕 ½컵, 매실청 ½컵, 소금 1작은술, 월계수잎 2장

구이 양념장

고추장 3큰술, 고춧가루 1큰술, 참기름 1큰술, 통깨 1큰술, 올리고당 혹은 물엿 2작은술, 다진 마늘 1작은술

초고추장

고추장 2큰술, 식초 2큰술, 설탕 1큰술, 다진 마늘 1작은슬, 맛술 1작은술, 레몬즙 1작은술, 참기름 약간

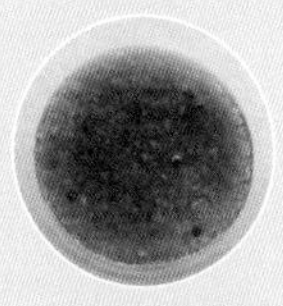

생선찜 양념장

간장 5큰술, 물 1컵, 무 간 것 3큰술, 설탕 1큰술, 물엿 1큰술, 청주 1큰술, 다진 마늘 1작은술, 통후추 ½작은술

마법의 양념

한번 마음먹고 만들어두면 요리가 쉽고 맛있어지는 유용한 소스들이에요. 시판 제품보다 더 건강하고 맛있을 뿐 아니라 조미료 없이도 훌륭한 맛을 내주는 마법의 양념들이지요.

토마토소스

완숙 토마토 1kg, 양파(대) 1개, 바질가루 1작은술, 오레가노가루 1작은술, 파슬리가루 1작은술, 블랙올리브 7~8알, 올리브유 2큰술, 소금 1작은술, 설탕 2큰술, 물 150mL, 월계수잎 2~3장

1 양파와 블랙올리브는 잘게 다져요.
2 토마토는 윗부분에 십자로 칼집을 낸 다음, 끓는 물에 데쳐요. 토마토의 껍질이 벗겨지기 시작할 정도면 OK.
3 데친 토마토는 껍질을 벗기고 듬성듬성 8등분으로 잘라요.
4 냄비에 올리브유를 두르고, 양파와 허브가루, 다진 올리브를 넣고 볶아요.
5 잘라놓은 토마토와 물, 월계수잎 2~3장을 넣고 보글보글 끓여요.
6 소스가 끓으면 월계수잎은 건져내고, 분량의 설탕과 소금을 넣어요.
7 약한 불로 줄여 중간중간 잘 저어가며 끓여요. 이때 부드러운 토마토소스를 원한다면, 핸드블렌더로 곱게 갈아주고 토마토가 살짝 씹히는 게 좋다면 스패출라로 대충 으깨요. 수분이 반 이상 날아가고, 걸쭉해질 정도로 끓이면 완성.

약고추장

고추장 1컵, 쇠고기 다짐육 200g, 청주 1큰술, 간장 1작은술, 후춧가루 ½작은술, 다진 마늘 1큰술, 설탕 1큰술, 통깨 1큰술, 참기름 1작은술, 식용유 약간, 잣 약간

1 쇠고기 다짐육에 분량의 간장과 청주, 후춧가루를 넣어 밑간을 해요.
2 달군 팬에 식용유를 두르고 밑간한 쇠고기와 다진 마늘을 넣어 볶아요.
3 쇠고기가 익기 시작하면 고추장을 넣고 타지 않게 잘 저어가며 볶아요.
4 다진 쇠고기와 고추장이 고루 섞이면 설탕과 통깨를 넣어 볶다가 참기름을 넣고 고루 섞은 뒤 불에서 내려요. 보관 용기에 담아 잣을 올려주면 완성.

맛술

고기나 생선, 해산물의 잡내나 비린 내를 잡아주고, 맛을 부드럽게 하면서 감칠맛까지 더해 음식을 깔끔하고 맛깔스럽게 해줘요.

청주 1400mL, 표고버섯 1개,
양파 1개, 다시마 2~3장,
생강 한 톨, 레몬 ½개

1 표고버섯은 깨끗이 씻어 물기를 제거하고, 양파는 반으로 자르고, 생강은 편으로 썰어요. 사방 5cm 크기의 다시마 2~3장도 깨끗이 씻어 물기를 제거해요.
2 레몬은 반으로 잘라요.
3 미리 열소독해 둔 병을 건조한 다음, 재료를 모두 넣고 청주를 부어요.
4 이 상태로 맛이 우러나도록 3~4주 정도 두었다가 고운 체나 거즈에 걸러주면 완성.

고추기름

마파두부나 깐풍기 같은 중국 요리는 물론, 육개장이나 순두부 등 매운맛을 내는 한식에도 두루 쓰이는 고추기름. 집에서도 쉽고 간단하게 만들 수 있어요.

식용유 1컵, 고춧가루 2큰술,
마늘 5쪽, 파 1대, 생강 1톨

1 마늘과 생강은 곱게 다지고 파는 적당한 크기로 2~3 등분해요.
2 오목한 프라이팬을 중불에 올리고 식용유와 다진 마늘, 생강, 파를 넣어요.
3 기름이 보글보글 끓기 시작하면 3분 정도 그대로 두어 재료의 맛을 우려내요.
4 3분 뒤 불을 끄고 한 김 식힌 다음 고춧가루를 넣고 잘 섞어요. 기름이 끓을 때 고춧가루를 넣으면 쉽게 타므로 기름이 따뜻해졌다고 생각할 때 넣어요.
5 30분 뒤 고춧가루에서 매운맛이 충분히 우러나면 체를 이용해 고춧가루와 기타 재료를 걸러내고 맑은 기름을 받으면 완성.

맛간장

간장과 과일, 향신 채소 등으로 맛을 낸 간장이에요. 조림이나 볶음 등 다양한 요리에 활용해요.

양조간장 500mL, 설탕 2큰술,
채소 육수 50mL, 맛술 50mL,
청주 50mL, 사과 ½개,
생강 1톨, 레몬 ½개

1 사과와 레몬은 껍질째 깨끗이 씻어 얇게 자르고, 생강은 껍질을 벗겨 얇게 저며요.
2 냄비에 간장과 설탕, 채소 육수, 맛술, 생강을 넣고 끓여요.
3 간장 물이 보글보글 끓으면 청주와 사과, 레몬을 넣은 뒤 불을 끄고 뚜껑을 덮어 반나절 숙성시켜요.
4 면보나 체에 밭쳐 건더기를 걸러내고 간장만 담아요.

기본 육수 만들기

"한국인 밥상에서
빠질 수 없는 국이나 찌개.
매일 먹는 국물 요리를
맛있게 끓이는 비결은 바로
육수에 있어요.
미리 만들어두고
필요할 때 사용하면 편하죠.
기본 육수 내는 방법을
살펴볼게요."

채소 육수

깔끔하고 담백한 맛의 육수로, 요리를 하고 남은 자투리 채소들을 모아 활용하면 좋아요. 샤부샤부, 전골 요리, 만둣국 등에 활용해요.

표고버섯 3개, 무 100g, 파 뿌리 2개, 양배추 잎 2장, 청양고추 1개, 당근 20g, 물 1L

1 모든 재료는 깨끗이 씻어 준비해요.
2 냄비에 물과 모든 재료를 넣고 끓여요.
3 육수가 끓기 시작하면 중불로 줄이고 뚜껑을 닫아 30분간 뭉근히 끓인 후 면보나 체에 건더기를 걸러 맑은 육수를 내요.

냉장일 경우 겨울에는 1주일, 여름에는 2~3일, 냉동일 경우 2주일 정도 보관 가능해요.

멸치 육수

가장 기본적인 육수로, 시원하고 깔끔한 맛이 나요. 된장이나 고추장이 들어가는 찌개나 국을 끓일 때 사용하면 좋아요. 국물용 멸치는 크기가 조금 크고 넓적하며 전체적으로 연한 색을 띠고 푸르스름한 것이 좋아요. 육수를 낼 때 배 쪽의 내장은 반드시 제거하도록 해요.

국물용 멸치 10개, 물 1L

1 멸치는 머리와 내장을 떼어내고 기름을 두르지 않은 팬에 살짝 볶아 비린내를 없애요.
2 물 5컵당 멸치 10마리를 넣고 20~30분 끓여요.
3 육수가 충분히 우러나면 면보에 밭쳐 맑은 육수만 사용해요.

냉장일 경우 겨울에는 4~5일, 여름에는 2~3일, 냉동일 경우 한 달 정도 보관 가능해요.

다시마 육수

맑은 찌개나 전골 국물에 활용하는 육수로, 만들기 쉽고 재료 구하기도 쉬운 편이에요. 국물용 다시마는 두께가 두툼하고 윤기가 나며 흰 가루가 고르게 묻어 있는 게 좋아요. 감칠맛이 있어 국물뿐 아니라 조림, 생선 요리에 넣으면 맛있어요.

10X10cm 다시마 1장, 물 1L

1 마른행주로 다시마 표면의 흰 가루를 살살 닦아요.
2 물에 다시마를 잠시 담갔다가 건진 뒤, 물 1L에 다시마를 넣고 보글보글 거품이 생길 정도로만 끓여요. 오래 두면 끈끈한 점액질이 나오므로 끓기 시작하면 바로 건져요.
3 다 끓인 다시마 국물은 면보나 체에 밭쳐 사용해요

다시마 육수는 미리 만들어두는 것보다 사용하기 직전에 만드는 게 좋지만, 냉장일 경우 겨울에는 4~5일, 여름에는 2~3일, 냉동일 경우 2주일 정도 보관 가능해요.

쇠고기 육수

쇠고기 육수는 구수하고 감칠맛이 나는 국물로, 깊은 맛을 내고 싶은 음식에 사용해요. 한식은 물론 양식에도 다양하게 활용할 수 있는데, 많은 양의 육수를 낼 때에는 양지머리나 사태가 적당하고, 적은 양일 때에는 등심을 이용해도 괜찮아요.

양지 150g, 대파 2대, 마늘 5쪽, 물 1L

1 쇠고기는 찬물에 30분 정도 담가 핏물을 제거한 뒤, 냄비에 쇠고기와 물 1L, 대파, 마늘을 넣고 끓여요.
2 도중에 생기는 거품은 걷어내고 한소끔 끓으면 불을 줄여 약한 불에서 30~40분 뭉근히 끓여요.
3 고기가 익으면 건져 내고 국물은 면보에 걸러 맑은 육수만 사용해요.

냉장일 경우 겨울에는 2~3일, 여름에는 하루, 냉동일 경우 한 달 정도 보관 가능해요.

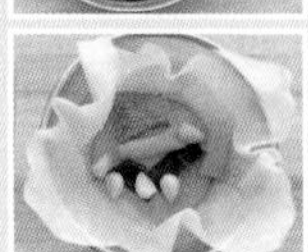

조개 육수

조개 특유의 감칠맛으로 생선이나 해물류로 끓이는 찌개나 전골에 넣으면 맛있어요. 모시조개나 바지락을 고르면 되는데, 껍질이 단단하고 입이 닫혀 있어야 싱싱한 조개에요.

조개 한 줌, 물 1L, 굵은 소금 1작은술

1 조개를 껍질째 박박 문질러 씻은 후 여러 번 헹군 다음 굵은 소금을 물에 담가 해감해요.
2 냄비에 조개를 담고 찬물을 부어 끓이다가 중간에 생기는 거품은 걷어내요. 조개가 입을 벌릴 때까지 끓여요.
3 면보나 채반에 밭쳐 맑은 육수만 걸러내요.

냉장일 경우 겨울에는 2~3일, 여름에는 1~2일, 냉동일 경우 2주일 정도 보관 가능해요.

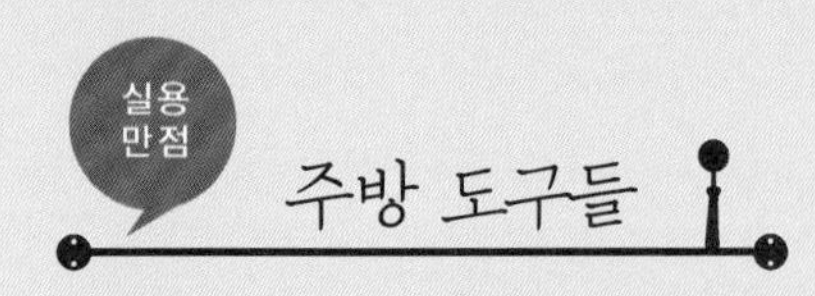

"실용적인 주방 도구가 있으면 요리가 더욱 쉬워지죠. 한 개쯤 마련해두면 편리한 것들을 소개합니다."

주물 냄비 보기에도 견고한 무쇠 주물 냄비는 뛰어난 열전도율, 열보유력이 최대 장점이에요. 바닥과 옆면, 뚜껑의 두께가 모두 같아 요리할 때 골고루 열이 가해지죠. 또한, 수분이 쉽게 새어 나가지 않아 저수분 요리에 좋아요. 영양소 파괴는 줄이고 음식의 맛과 향은 살리는, 맛있는 요리를 만들 수 있어요.

직화 오븐팬 가스렌지 위에서도 오븐 효과를 낼 수 있는 팬이에요. 육류, 생선, 빵 등의 다양한 요리를 기름기 없이 담백하게 만들 수 있어요.

실리콘 조리도구 아무리 좋은 냄비나 팬을 사용해도 코팅이 금세 벗겨지면 그 기능을 잃어요. 설거지할 때뿐 아니라 조리할 때에도 코팅이 벗겨지지 않도록 신경을 써야 하는데요. 높은 열에 잘 견디고 어떤 용기에 사용해도 스크래치가 나지 않는 실리콘 조리도구라면 OK.

감자 칼과 채칼 하나 있으면 정말 요긴한 제품이에요. 감자 칼의 양옆으로 튀어나온 돌기는 움푹 들어간 부분이나 감자 싹을 파내는 기능을 하고, 채칼은 여러 개의 칼날이 일정한 간격으로 달려 있어 몇 번 그어주기만 하면 가는 채를 만들 수 있어요. 칼질에 서툰 신혼 주부에게는 필수품!

주름 커터 써는 동시에 주름 모양을 잡아주는 칼이에요. 도토리묵이나 두부를 썰 때에나 피클에 들어가는 오이나 당근을 썰 때 좋아요.

레몬즙짜개 레몬즙짜개는 보통 레몬을 반으로 잘라 손으로 눌러 짜는 도구가 대부분인데, 요즘에는 레몬에 끼워서 스프레이처럼 사용할 수 있는 제품도 있어요.

식품건조기 과일이나 채소 등을 건조해 영양 간식을 만들 때 좋고, 청국장, 나또, 요구르트 같은 발효식품을 만들 수도 있어요.

잼팟 원래는 잼을 만드는 냄비지만, 크기가 크고 깊이감이 있어 육수를 우리거나 나물 데치기에 좋고, 젖병이나 유리병을 열소독하고, 행주 삶기에도 제격이에요. 여름에는 홈 파티나 캠핑할 때 잼팟에 얼음을 가득 담아 캔이나 병 음료를 넣어 칠링하기에도 좋아요.

밀폐 용기 재료를 밀폐 용기에 보관하면 신선도를 오래 유지할 수 있어요. 더구나 냉장고 안이 복잡해 무엇이 있는지 제대로 알지 못하면 재료를 활용할 수 없는데요. 투명한 밀폐 용기에 담아두면 어떤 재료가 있는지 한눈에 보여, 상해서 버리는 일을 줄일 수 있고, 재료 찾느라 시간을 낭비하지 않아도 돼요. 밀폐 용기는 뚜껑만 잘 닫으면 비닐봉지에 넣어두는 것보다 훨씬 신선한 상태가 유지되고, 반찬 냄새를 완전히 차단하기 때문에 냉장고 냄새도 한결 줄일 수 있어요.

우드 브러쉬 감자나 당근, 고구마 등의 단단한 채소나 어패류를 씻을 때 이용하면 편해요. 특히 눌어붙은 프라이팬이나 냄비 설거지에도 좋지요.

블렌더 뭐든 큰 힘을 들이지 않고 쉽게 갈 수 있는 블렌더는 과일 주스나 스무디를 만들 때뿐 아니라 마늘이나 생강을 다질 때나 멸치, 건새우를 갈아 천연조미료를 만들 때도 참 유용해요. 샐러드드레싱이나 수프를 만들 때도 요긴하게 사용할 수 있어요.

페퍼밀 후추는 그때그때 갈아서 사용하는 것이 향과 맛 모두 좋아요. 곱게 갈아 시판되는 후추는 특유의 풍미가 많이 떨어지므로 페퍼밀을 이용해 통후추를 직접 갈아서 사용하면 좋아요.

식재료 보관법

냉장고를 정리하다 보면 시들하거나 상해서 버리게 되는 재료들이 생각보다 참 많아요. 그럴 때마다 아깝다는 생각이 들죠. 식재료의 낭비를 줄이고 신선하게 오랫동안 보관하는 방법을 알려 드릴게요.

육류

육류는 공기에 닿으면 지방이 산화되어 부패하기 때문에 구매 후 가능한 한 빨리 먹는 게 좋아요. 소고기는 냉장실에서 4~5일, 닭고기와 돼지고기는 2일을 넘기지 않는 게 좋아요. 또 고기를 냉동실에 보관할 때는 겉면에 식용유를 발라주면 수분이 유지되면서 일주일 정도 더 보관할 수 있어요.

어패류

어패류는 특히 신선도가 빨리 떨어지는 식재료로, 구매할 때부터 잘 점검해야 해요. 생선은 사오자마자 바로 내장과 아가미를 제거하고 손질해서 한번 먹을 분량씩만 소분해 비닐 팩에 담아 냉동 보관해요. 조개류는 바닷물과 같은 염도의 물에 담가 냉장고에 넣어두면 이틀 정도 보관이 가능한데, 장기간 보관을 원할 때엔 해감하거나 삶은 뒤 알맹이만 빼내서 냉동 보관해요. 오징어는 껍질과 내장을 제거한 뒤 용도에 맞게 미리 썰어서 냉동 보관해요.

쌀 & 곡류

콩과 팥을 제외한 쌀이나 곡류는 작은 항아리나 페트병에 담아 보관하면 벌레가 생기는 것을 막을 수 있어요. 냉장고 야채칸이나 김치냉장고에 보관하는 것도 좋은 방법인데, 이때 전용 용기나 밀폐 용기에 담아 보관하면 실온보다 더 오래 신선하게 보관할 수 있어요.

채소 & 과일

상추나 깻잎처럼 물러지기 쉬운 채소는 비닐 팩에 공기를 빵빵하게 넣어 보관하는 게 좋고, 파나 부추는 신문지에 돌돌 말아 냉장실에 넣어두면 좋아요. 과일은 종류별로 비닐 팩에 구멍을 뚫어 산소가 공급되도록 포장해서 냉장보관 하고요. 파인애플이나 바나나 같은 열대과일은 실온 보관합니다.

달걀

냉장고 안의 달걀 보관함에 보관하는 것이 가장 좋은데, 달걀의 뾰족한 부분이 아래로 가도록 세워 놓으세요.

마늘 & 생강

마늘과 생강은 구매 직후 상처가 있거나 조금 무른 것을 골라낸 다음, 신문지 위에 펼쳐 2~3 시간 건조한 후 플라스틱 용기나 지퍼팩에 담아 냉장보관해요.

건어물

건조한 생선이나 조개, 새우, 해조류 등은 습기가 생겨 눅눅해지거나 곰팡이가 피지 않도록 보관하는 게 중요해요. 멸치와 디포리(밴댕이)는 머리와 내장을 제거해 소분하고, 다시마는 5x5cm 크기로 잘라 보관해요. 건새우나 다시마, 미역은 밀봉해서 상온 보관해도 괜찮지만 조개나 멸치, 디포리 등은 냉동실에 보관해야 맛이나 냄새 변화 없이 먹을 수 있어요.

통조림

통조림은 유통기한이 길고 상온에서도 보관할 수 있는 장점이 있지만, 개봉한 뒤에는 재료를 그대로 담아두지 말고 밀폐 용기에 옮겨 냉장 보관해요.

마요네즈 & 케첩

마요네즈와 케첩, 머스터드 등의 소스류는 몹시 더운 여름만 아니라면 실온에 보관해도 좋아요. 단 입구에 묻은 소스는 그때그때 깨끗이 닦고 공기와 접촉하지 않게 뚜껑을 잘 닫는 것이 중요해요. 또 긴시간 보관할 경우엔 입구를 랩으로 감싸고 냉장고 문쪽 서랍에 보관해요.

설탕 & 소금

설탕과 소금은 각각 당분과 염분 농도가 높아 미생물이 쉽게 번식할 수 없어 유통기한에 크게 구애받지 않는 식품이에요.하지만 설탕의 경우, 개봉한 상태에서 습한 곳에 보관하면 쉽게 굳어지므로 밀봉하여 건조한 곳에 보관하는 게 좋고, 소금 역시 혼합물이 첨가된 가공소금일 경우 밀봉해서 건조한 곳에 보관하는 게 좋아요.

Level 1

여자에서 아내로!
결혼과 함께 요리를 시작하다

일하면서 20대를 넘기고 서른을 맞았다. 결혼하면 평생을 해야 하는 일이라며
부엌 근처에도 가지 못하게 했던 엄마 덕에 밥물은커녕 라면 물조차 맞출 줄 몰랐던 나.
결혼을 앞두고 오랫동안 다니던 직장마저 그만두고 엄마에게 반짝 요리 비법을 전수받았지만
손맛이라는 게 어디 하루아침에 생기는 것인가.
신혼여행에서 돌아온 다음 날부터 좌충우돌 나의 요리 수난 시대가 시작되었다.
만만하게 생각하고 대충 만든 음식. 남편이 맛있게 먹어주리라 기대했건만 그것도 하루 이틀 뿐,
남편은 점점 이 핑계 저 핑계를 대며 음식을 가리기 시작했다. 나는 자존심을 회복하고자
요리에 매진하기 시작, 일단 1인분씩 만들었다. 실패하면 쥐도 새도 모르게 혼자 먹고
흔적을 없애야 하니 말이다. 그런데 신기하게도 날이 갈수록 남편 얼굴에 환한 미소가 그려지고,
국과 반찬 그릇이 말끔히 비워지는 것이 아닌가. 남편의 "맛있다"는 한마디에 나는 더욱 신이나
피곤함도 잊고 하루종일 요리에 매달렸다. 이른 아침부터 불 켜지는 나의 부엌은 "통통통"
경쾌한 도마 소리와 "보글보글" 국 끓는 소리, "솔솔" 구수하게 밥 짓는 냄새로 가득하다.
우리의 하루는 맛있는 소리에 잠이 깬 남편의 미소로 시작된다.

바빠도 아침은 필수!
간단한 아침상

나는 운 좋게도 졸업 전에 취직이 확정되어 8년간 기자로 일했다.
아침잠이 많아 엄마가 차려주는 아침밥보다 10분의 잠을 더 즐기곤 했는데
빈속에 출근하면 속이 쓰린 것은 물론 인스턴트 커피로 하루를 시작해
점심시간 전까지 군것질을 일삼았다.
그래서 결혼하면 가볍지만 든든한 아침상을 남편에게 꼭 차려주고 싶었다.
열심히 일하는 남편에게 고마움을 전하고,
우리의 건강한 미래를 위해 30분 일찍 일어나 맛있는 아침을 준비하는 것.
그것은 식사 이상의 의미였다.
신혼 시절부터 지금까지 고수하고 있는 나만의 철칙이 있다면,
아무리 바빠도 아침 식사를 거르지 않는 것이다.

견과류오트밀포리지 | 모둠채소오븐구이 | 감자오믈렛

베이컨에그롤 | 브로콜리수프 | 크로크무슈 & 크로크마담

황태해장국 | 새우채소죽 | 버섯들깨된장국

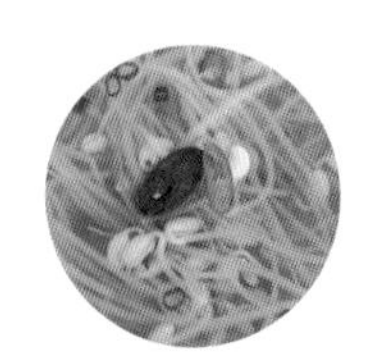

오이미역냉국 | 맑은 콩나물국

SOUP
HOMESTEAD
KITCHEN UTENSILS

견과류오트밀 포리지

하루 한 줌 챙겨 먹으면 건강에 좋은 견과류. 식탁에 올려두어도 그냥 지나치는 남편을 위해 요리에 활용해보았어요. 오트밀은 비타민과 식이섬유가 풍부해 장 건강에도 으뜸이에요.

- 오트밀 1컵
- 우유 1컵
- 물 1컵
- 다진 호두 2큰술
- 피스타치오 1큰술
- 아몬드 슬라이스 1큰술
- 호박씨 1작은술
- 바나나 약간
- 건 크랜베리 약간
- 꿀 약간

오트밀은 수분을 빨아들이는 습성이 있어 만들자마자 따뜻할 때 바로 먹어야 맛있어요. 수분이 부족하다 싶으면 중간에 따뜻하게 데운 우유를 추가해도 좋아요.

1

다진 호두와 피스타치오, 아몬드, 호박씨는 팬에 볶아요.

2

냄비에 우유와 물을 넣고 약한 불에서 끓여요.

3

바나나는 어슷 썰어요.

4

우유가 보글보글하면 오트밀을 넣고 푹 끓여요.

5

죽처럼 걸쭉해지도록 잘 저어주며 5분간 끓인 뒤, 수프 볼에 담아 견과류와 바나나를 얹어요.

모둠채소 오븐구이

토스트 한 조각을 곁들이면 아침 식사로도 든든하지만, 저녁에는 스테이크를 구워 가니쉬로 활용해도 좋아요. 바게트 위에 얹으면 파티나 손님상에 올리기 좋은 채소 부르스케타가 된답니다.

Recipe

2인분

- 가지 1개
- 애호박 ⅓개
- 양파 ½개
- 적양파 ½개
- 양송이버섯 3개
- 미니 파프리카 4개
- 당근 ⅕개
- 아스파라거스 4대
- 방울토마토 5개
- 블랙올리브 5알
- 마늘 5쪽
- 올리브유 4큰술
- 소금 1작은술
- 후춧가루 약간
- 로즈마리 잎 약간

동글이의 Tip

오븐이 없다면, 프라이팬에서 센 불로 볶아도 좋아요. 로즈마리는 허브의 일종으로 요리할 때 잡냄새를 없애는 역할을 해요. 또한, 강하고 상쾌한 향은 뇌세포에 활력을 주어 기억력과 집중력을 높여줍니다.

1

채소는 깨끗이 씻어 물기를 빼요.

2

마늘은 편 썰고, 양파와 파프리카, 양송이버섯, 가지, 애호박, 당근, 아스파라거스는 작게 잘라요.

3

방울토마토는 2등분하고, 로즈마리와 올리브도 준비해요.

4

믹싱볼에 손질한 채소를 넣고, 올리브유, 소금, 후춧가루, 로즈마리를 넣고 잘 섞어요.

5

내열 유리나 오븐 용기에 담아 예열한 200도 오븐에서 15분간 구워주면 완성.

감자오믈렛

피자보다 간단하고 맛있는 감자오믈렛. 바쁜 아침, 달걀프라이만으로 조금 아쉬웠다면 감자와 채소, 치즈를 듬뿍 넣은 감자오믈렛 어떠세요? 따뜻한 우유 한잔과 함께라면 남편 출근길도 든든해져요.

2인분

감자 1개
달걀 4개
양파(소) ¼개
청피망 약간
파프리카 약간
블랙올리브 4알
소금 약간
후춧가루 약간
식용유 약간
방울토마토 4~5개
롤치즈 2큰술
파슬리가루 약간

요즘 마트에 가보면 다양한 크기의 프라이팬이 많이 나오죠. 지름 10cm 정도 되는 작은 팬이 조리하기 편해요.

1

양파와 파프리카, 피망은 잘게 다지고, 방울토마토는 2등분, 올리브는 얇게 슬라이스해요.

2

감자는 깨끗이 씻어 껍질을 대충 제거한 다음 필러로 얇게 밀고, 팬에 식용유를 두르고 촘촘히 올려요.

3

그 위에 달걀 2개를 깨뜨리고, 다진 채소와 올리브를 올리고, 소금과 후춧가루로 간을 해요.

4

롤치즈를 넣고 약한 불에서 달걀이 반숙으로 익을 정도로만 구워주면 완성.

베이컨에그롤

짭조름한 베이컨과 담백한 달걀의 만남! 하나만 먹어도 든든하니 간단한 아침 식사로 좋고,
시원한 맥주 안주로도 그만이에요.

달걀 4개
베이컨 4줄
방울토마토 2~3개
맛살 2줄
소금 약간
후춧가루 약간
피자치즈 한 줌
파슬리가루 약간
레드페퍼 약간

머핀 틀이 없다면, 종이컵을 이용해도 좋아요. 또, 반숙 달걀을 좋아하면 오븐에서 굽는 시간을 2~3분 줄이고, 반대로 아주 완전히 익은 완숙을 좋아하면 2~3분 늘려 주세요.

1

방울토마토와 맛살은 먹기 좋게 잘라 준비해요.

2

머핀 틀에 베이컨을 잘 말아 넣고, 방울토마토와 맛살을 넣어요.

3

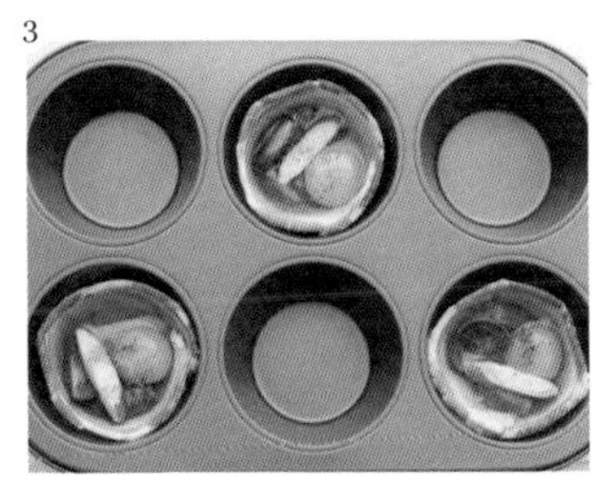

머핀 1구마다 달걀 1개씩을 깨뜨려 넣고, 소금과 후춧가루를 뿌려요.

4

피자치즈를 듬뿍 올리고 파슬리가루와 레드페퍼를 솔솔 뿌린 뒤 예열된 180도 오븐에서 15분간 구워주면 완성.

부드러우면서도 영양 만점인 브로콜리수프는 아침에 먹기 좋은 메뉴인데요.
감기 기운이 있거나 쌀쌀한 날에는 속을 따뜻하게 해주는 메뉴이기도 해요.

Recipe

3~4인분

브로콜리 1송이
무염버터 40g
중력분 40g
우유 500mL
생크림 200mL
소금 ½작은술
후춧가루 약간
넛맥가루 약간

브로콜리는 10대 슈퍼 푸드 중 하나로, 비타민 C와 칼륨이 풍부하고, 체내의 칼슘 흡수를 도와 뼈를 튼튼하게 해주기 때문에 골다공증 예방에 좋고, 항산화 성분인 루테인이 함유되어 피부 트러블 및 노화 지연에도 효과가 있어요.

1

브로콜리는 끓는 물에 데친 뒤, 물기를 빼고 잘게 다져요.

2

냄비에 분량의 버터와 밀가루를 넣어요.

3

버터를 녹여가며 밀가루와 섞어 화이트 루를 만들어요.

4

분량의 우유를 넣고 잘 섞으면서 끓여요.

5

다진 브로콜리를 넣고 우유와 섞이도록 잘 저어요.

6

분량의 생크림을 넣고 보글보글 할 때까지 한소끔 더 끓인 뒤 소금, 후춧가루, 넛맥가루로 간을 맞추면 완성.

크로크무슈& 크로크마담

카페 브런치 메뉴로 인기가 많은 크로크무슈 & 크로크마담.
식빵에 베사멜소스를 바르고 햄과 치즈를 올려 노릇하게 구운 토스트에요.
휴일 아침에는 향긋한 커피와 함께 여유로운 홈 브런치를 즐겨봐요.

Recipe

2인분

식빵 4장
슬라이스 치즈 2장
슬라이스 햄 2장
피자치즈 60g
파슬리가루 약간
달걀 1개

베사멜소스

- 버터 2큰술
- 밀가루 2큰술
- 우유 200mL
- 소금 ⅓작은술
- 넛맥가루 약간
- 후춧가루 약간

크로크무슈는 불어로 바삭거린다는 뜻의 croque와 아저씨를 뜻하는 monsieur가 합쳐진 말로, 약 100여 년 전 프랑스 노동자들이 점심 도시락으로 싸온 샌드위치를 따뜻하게 먹기 위해 치즈를 얹어 난로에 데워 먹었던 것에서 유래되었어요. 크로크마담은 크로크무슈에 달걀프라이를 하나 더 올려준 것으로, 달걀프라이 모양이 꼭 그 당시 여인들이 즐겨 쓰던 모자와 비슷하다고 해서 이름 붙여졌어요.

1

냄비에 버터를 넣고 녹이다가 밀가루를 섞고 약한 불에서 뭉글뭉글하게 만들어요.

2

우유를 붓고 소금, 넛맥가루, 후춧가루로 간을 맞춰 걸쭉하게 끓여주면 베사멜소스 완성.

3

식빵 위에 베사멜소스를 골고루 듬뿍 발라요.

4

그 위에 햄을 올려요.

5

슬라이스 치즈를 올려요.

6

식빵을 덮고 윗면에 베사멜소스를 바르고 피자치즈와 파슬리가루를 올려 예열된 180도 오븐에서 5~7분간 구워주면 완성.

황태해장국

남편이 과음한 다음 날 아침, 잔소리 대신 시원한 황태해장국을 식탁에 올려보면 어떨까요. 진하고 구수한 황태해장국이 마음속 감춰졌던 미움까지 시원하게 풀어줍니다.

Recipe

3~4인분

멸치 육수

- 국물용 멸치 반 줌
- 다시마 2장(사방 5cm)
- 건새우 약간
- 물 1L

황태채 한 줌
두부 ⅓모
대파 1대
달걀 1개
무 약간
들기름 1큰술
소금 1작은술
후춧가루 1작은술

1

다시마, 건새우, 멸치를 넣고 육수를 만들어요.

2

황태는 먹기 좋은 크기로 잘라, 물에 담가두고, 무는 얇게 채 썰고 대파는 어슷 썰어 준비해요.

3

볼에 달걀을 풀고 어슷 썬 대파를 넣어 잘 섞어요. 두부는 사방 1cm 크기로 잘라요.

4

냄비에 들기름 1큰술을 넣고 물기를 짠 황태와 채 썬 무를 넣고 약 2~3분간 충분히 볶아요.

5

멸치 육수를 넣고 국물이 뽀얗게 우러나오도록 끓이다가 다진 마늘을 넣어요.

6

보글보글 끓으면 파를 넣은 달걀 물을 냄비 둘레에 돌리듯 넣고 약한 불로 줄여요.

7

소금과 후춧가루를 넣어 간을 맞추면 완성.

황태는 오래 볶아야 국물이 뽀얗고 진하게 나와요. 또 참기름보다는 들기름에 볶아야 구수함이 배가 된답니다. 달걀은 국에 넣을 때, 너무 많이 저으면 국물이 탁하고 지저분해지니 파와 함께 풀어둔 달걀 물을 냄비 둘레로 넣어주면 젓지 않아도 돼요.

늘 건강하고 활기 넘치는 남편이지만, 일 년에 한두 번은 감기로 고생해요. 아파서 입맛 없을 때엔 죽만큼 후루룩 먹기 편한 음식도 없죠. 고소한 새우와 갖은 채소를 넣어 정성 가득 죽을 쑤어봅니다. 감기야, 어서 물러가렴!

Recipe

3~4인분

다시마 육수

- 물 1L
- 다시마 3장
- 건새우 반 줌

불린 찹쌀 1컵
새우 5~6마리
양파 ⅓개
당근 ⅕개
표고버섯 1개
소금 ⅓작은술
후춧가루 약간
참기름 1큰술
실파 약간
통깨 약간

1

찹쌀은 전날 밤 미리 물에 담가 불려요.

2

양파, 당근, 버섯, 새우는 잘게 다지고 실파는 송송 썰어요.

3

냄비에 물과 다시마, 건새우를 넣고 육수를 우려내요.

4

다른 냄비에 참기름 1큰술을 두르고, 실파를 제외한 잘게 다진 채소와 새우 살을 넣고 볶아요.

5

물기를 제거한 불린 찹쌀을 넣고 투명해질 때까지 볶아요.

6

준비한 다시마 육수를 넣고 센 불에서 끓이다가 중간 불로 줄이고 잘 저어가며 끓여요.

7

소금과 후춧가루로 간을 하고, 죽이 걸쭉해지면 실파와 통깨를 넣고 마무리해요.

찹쌀은 전날 밤 미리 물에 불려 놓으면 조리시간을 단축할 수 있어요.

버섯들깨 된장국

갖가지 버섯을 듬뿍 넣어 구수하게 끓여낸 버섯들깨된장국.
한 냄비 가득했던 된장국이 어느새 바닥을 드러내고 남편의 "맛있다"는
말 한마디에 저의 입가에는 웃음이 번져요.

Recipe

3~4인분

멸치 육수

물 1L
국물용 멸치 반 줌
건새우 약간
다시마 2~3장
건표고 기둥 약간

느타리버섯 한 줌
팽이버섯 ½봉
양송이버섯 2개
표고버섯 1개
두부 ¼모
청양고추 1개
실파 2대
된장 2큰술
다진 마늘 1작은술
들깨가루 1큰술

동굴이의 Tip

버섯을 손질할 때는 되도록 물에 씻지 않는 게 좋아요. 버섯은 스펀지와 같이 물을 금세 흡수하기 때문에 조리하면 예상보다 수분이 많아질 수 있거든요. 키친 티월로 겉을 닦아주고 잘 안 떨어지는 이물질은 칼로 살살 긁어 제거해요. 또한 버섯 향은 열에 약하므로 찌개나 국을 끓일 때는 금세 끓여서 바로 먹는 것이 맛도 좋고 풍미도 살릴 수 있어요.

1

물 1L에 멸치, 건새우, 건표고, 다시마를 넣고 진한 멸치 육수를 만들어요.

2

갖은 버섯은 키친타월로 닦은 뒤, 먹기 좋게 자르고, 두부는 사방 1cm 크기로 깍둑 썰고, 실파와 청양고추는 송송 썰어요.

3

냄비에 멸치 육수를 부어 된장 2큰술을 풀고, 다진 마늘을 넣어 끓여요.

4

국물이 끓기 시작하면 느타리버섯과 표고버섯, 양송이버섯을 넣고 한소끔 끓여요.

5

두부를 넣어요.

6

청양고추와 실파를 넣어요.

7

들깨가루를 넣고 잘 섞어요.

8

팽이버섯을 넣어주면 완성.

오이미역냉국

날씨가 무더워지면 생각나는 오이미역냉국! 끼니때마다 꼭 국물이 있어야 한다면, 여름철에는 더위를 식혀주는 시원한 오이미역냉국 어떠세요? 국물이 새콤달콤해야 맛이 나면서 미역도 흐물거리지 않아요.

Recipe

3~4인분

- 건미역 한 줌
- 오이 ¼개
- 청양고추 1개
- 홍고추 1개
- 멸치 육수 5컵
- 소금 약간
- 감식초 4큰술
- 매실청 2큰술
- 간장 2큰술
- 설탕 1큰술
- 다진 마늘 1큰술
- 통깨 1큰술

오이미역냉국에 얼음을 띄워 시원하게 먹고싶을 때에는 간을 조금 세게 해주는 게 좋아요. 얼음이 녹으면서 싱거워질 수 있으니까요.

1

건미역은 찬물에 담가두었다가 충분히 불으면 잘게 썰어요.

2

오이는 얇게 채 썰고, 청양고추와 홍고추는 어슷 썰어요.

3

분량의 감식초, 매실청, 간장, 설탕, 다진 마늘, 통깨를 넣어 양념장을 만들어요.

4

볼에 미역과 오이, 청양고추, 홍고추, 양념장을 넣고 잘 섞어요.

5

냉장고에 시원하게 보관해두었던 멸치 육수를 넣고 소금으로 간을 맞추면 완성.

H &
B

간이 센 찌개나 얼큰한 국물은 아침에 먹기 부담스러울 수 있어요. 진한 멸치 육수에 콩나물을 넣어 말갛게 끓여낸 콩나물국에 밥 한 공기를 말아 후루룩 먹으면 오전 내내 배가 든든해요.

멸치 육수

- 물 1L
- 국물용 멸치 반 줌
- 건새우 약간
- 다시마 2~3장
- 건표고 기둥 약간

콩나물 두 줌
다진 마늘 ½큰술
청양고추 1개
홍고추 1개
소금 약간
후춧가루 약간
실파 1대
새우젓 약간

콩나물에는 간 해독 작용에 탁월한 아스파라긴산이 들어 있어 숙취 해소에 좋아요. 특히 콩나물 꼬리 부분에 많이 함유되어 있으니, 꼬리를 제거하지 말고 그냥 넣어요.

1

다시마, 건새우, 멸치를 넣고 멸치 육수를 끓여요.

2

콩나물은 다듬어 깨끗이 씻어 물기를 빼요.

3

보글보글 끓는 멸치 육수에서 건더기를 건져내고, 콩나물과 다진 마늘을 넣고 끓여요.

4

콩나물이 익으면 청양고추와 홍고추, 소금과 후춧가루를 넣고 한소끔 더 끓여요.

5

마지막에 다진 실파를 넣고 부족한 간은 새우젓으로 맞춰요.

매일 조금씩!
제철 반찬 & 국물 요리

어릴 때부터 친정엄마는 끼니마다 김치를 제외하고는 항상 다른 반찬을 식탁에 올리셨다.
그때는 당연하다고 생각했는데 결혼을 하고 나니 새삼 엄마의 정성이 대단하게 느껴진다.
하루에도 몇 번씩 하게 되는 반찬 고민은 초보나 베테랑 주부 모두 마찬가지일 것이다.
누군가를 위해 요리한다는 것은 사랑하는 마음을 전달하는 가장 쉬운 방법이기도 하다.
맛있고 건강에도 좋은 요리를 만들고 싶은 건 모든 주부의 바람.
제철에 나오는 신선하고 건강한 재료를 선택하는 것이 그 첫걸음이 아닐까.

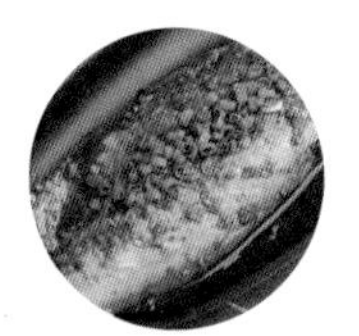
고등어불고기

감자채볶음

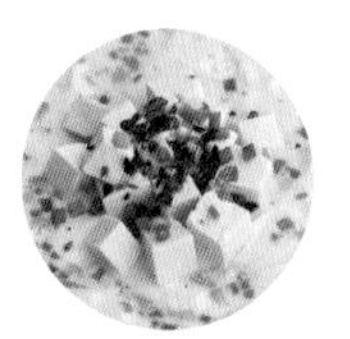
두부달걀찜

돼지고기굴소스볶음

베이컨완두콩볶음

브로콜리새우볶음

매콤한 두부강정

만다린치킨샐러드

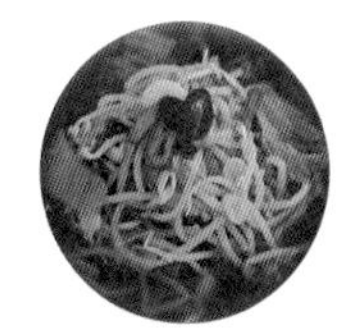
김치콩나물국

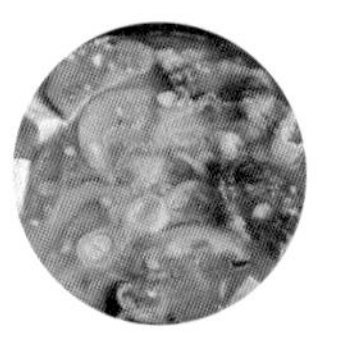
차돌박이된장찌개

돼지고기김치찌개

맑은 소고기뭇국

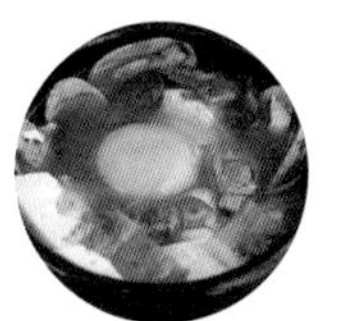
바지락순두부찌개

시래기청국장

고등어불고기

생선을 좋아하지 않는 남편의 입맛을 단번에 사로잡은 고등어불고기.
고등어는 대표적인 등푸른생선으로 치매와 성인병 예방에 좋은 DHA와 EPA가 많이 함유되어 있고,
우리 몸에서 생성되지 않는 불포화지방산도 풍부해요. 이젠 맛있는 반찬도 먹고, 건강도 지켜요!

고등어 1마리

양념장

- 간장 5큰술
- 설탕 1큰술
- 다진 마늘 1큰술
- 참기름 1큰술
- 홈메이드 맛술 2큰술
- 물 100mL
- 후춧가루 약간
- 통깨 약간
- 다진 실파 약간

간고등어는 미리 물에 담갔다가 소금기를 없애고 조리해야 짜지 않고 간이 잘 맞아요.

1

간고등어는 물에 담가 소금기를 제거해요.

2

그 사이, 작은 볼에 양념장 재료를 모두 넣고 잘 섞어요.

3

달군 팬에 고등어를 앞뒤로 살짝 구워요.

4

양념장을 넣고 조려요.

5

양념장 수분이 날아가서 자작해질 때까지 양념을 고등어 위에 끼얹어주며 조리다가 다진 실파를 송송 올려주면 완성.

감자채볶음

포슬포슬 담백하면서도 고소한 감자는 볶음이나 조림, 찌개, 국, 전 등 다양한 음식에 활용할 수 있는데요. 그중에서도 감자 본연의 맛을 가장 잘 느낄 수 있는 게 바로 감자채볶음이에요.

Recipe

2인분

감자 1개
파프리카 약간
피망 약간
양파 약간
다진 마늘 1작은술
식용유 1큰술
소금 1작은술
후춧가루 약간
레드페퍼 약간

채 썬 감자를 차가운 소금물에 담가 전분을 뺀 뒤, 키친타월로 살짝 눌러 물기를 제거하고 볶으면 감자채에 간이 잘 배고 쉽게 타지 않아 깔끔해요.

1

파프리카, 피망, 양파는 채 썰어 준비해요.

2

감자는 껍질째 깨끗이 씻은 후 채 썰어요.

3

달군 팬에 식용유를 두르고, 다진 마늘과 감자를 넣고, 타지 않게 섞어가며 볶아요.

4

감자가 다 익을 쯤 양파를 넣고 볶아요.

5

양파가 투명해지면 파프리카와 피망을 넣고 재빨리 볶아요.

6

소금과 후춧가루로 간을 맞춘 뒤, 접시에 담고 레드페퍼를 솔솔 뿌리면 완성.

두부달걀찜

보들보들한 두부와 달걀이 어우러진 영양 만점 반찬으로 다이어트 중에도 부담 없이 먹을 수 있어요.
남편의 뱃살이 조금 늘었다 싶으면 어김없이 만드는 반찬이에요.

Recipe

2인분

달걀 3개
우유 100mL
두부 반 모(180g)
소금 1작은술
후춧가루 ⅓작은술
실파 3~4대
들기름 1큰술
레드페퍼 약간

동글이의 Tip

달걀에 우유를 넣으면 고소하면서 담백하고, 우유 대신 멸치 육수를 넣으면 감칠맛이 돌아 깊은 맛이 난답니다.

1

두부는 사방 1cm 크기로 자르고, 실파는 송송 썰어요.

2

볼에 달걀 3개를 넣고 알끈을 제거하고, 분량의 우유와 소금, 후춧가루를 넣고 잘 섞어요.

3

달걀에 두부와 대파를 넣고 두부가 깨지지 않게 섞어요.

4

냄비에 들기름을 꼼꼼히 바른 뒤, 두부 달걀 물을 넣고 잘 저어가며 몽글해질 때까지 익혀요.

5

달걀이 몽글해지면 뚜껑을 덮고 약한 불로 5분 정도 익힌 다음, 불을 끄고 1~2분 뜸 들여요.
레드페퍼를 솔솔 뿌리면 완성.

돼지고기 굴소스볶음

저는 채소를 좋아하고, 남편은 고기를 좋아해서 가끔 무슨 반찬을 해야 하나 고민될 때가 있어요. 돼지고기굴소스볶음은 고기와 채소가 듬뿍 들어가 남편과 저의 입맛을 모두 만족시켜 주는 메뉴죠.

Recipe

2인분

돼지고기 200g
표고버섯 2개
미니 파프리카 2개
식용유 1큰술
양배추 약간
실파 2대

고기 밑간

- 청주 1큰술
- 간장 1큰술
- 후춧가루 약간

소스

- 굴소스 2큰술
- 다진 마늘 1큰술
- 매실청 1작은술
- 통깨 약간
- 참기름 1작은술
- 후춧가루 약간

굴소스는 굴을 소금물이나 간장에 넣어 발효시킨 중국식 소스로, 볶음이나 조림 등 각종 중국 요리에 자주 쓰이는 재료에요. 조금만 넣어도 특유의 감칠맛이 살아 음식의 향미가 좋아진답니다.

1

돼지고기는 밑간을 한 뒤 30분간 재워요.

2

채소와 표고버섯은 먹기 좋은 크기로 채 썰고 실파는 송송 썰어 준비해요.

3

볼에 소스 재료를 모두 넣고 잘 섞어요.

4

달군 팬에 식용유를 두르고, 돼지고기를 볶아요.

5

고기가 익으면 버섯과 양배추를 넣고 볶아요.

6

파프리카와 소스를 넣고 재빨리 볶아요.

7

후춧가루를 뿌리고 통깨와 다진 실파를 넣으면 완성.

베이컨 완두콩볶음

콩을 유난히 싫어하는 남편. 하지만 좋아하는 베이컨과 양파를 넣어 볶으면 따뜻한 샐러드처럼 가볍게 즐기기 좋아 곧잘 먹지요. 밥반찬으로도 좋고 맥주 안주로도 그만이에요.

Recipe

2인분

완두콩 200g
베이컨 6줄
양파 ¼개
적양파 ¼개
파프리카 약간
올리브유 1큰술

레몬 드레싱

- 레몬즙 2큰술
- 소금 약간
- 후춧가루 약간
- 파슬리가루 1큰술

완두콩은 비타민과 식이섬유, 단백질이 풍부하고 볶음 요리나 샐러드, 밑반찬 등에 다양하게 활용되는데요. 제철인 5~6월에 신선한 햇완두콩을 구입해서 냉동 보관하면 사계절 아무 때나 먹을 수 있어 편리해요.

1

베이컨은 먹기 좋은 크기로 썰고, 양파와 파프리카는 잘게 다져요.

2

완두콩은 15분간 푹 삶은 뒤, 찬물에 담가 차갑게 식힌 다음 체에 밭쳐요.

3

볼에 레몬즙과 소금, 후춧가루, 파슬리가루를 넣고 잘 섞어요.

4

달군 팬에 올리브유를 두르고 다진 양파와 베이컨을 볶아요.

5

완두콩과 파프리카를 넣고 재빨리 볶아요.

6

마지막으로 만들어둔 레몬 드레싱을 넣고 불을 끈 뒤 버무리면 완성.

몸에 좋은 브로콜리와 마늘, 양파가 듬뿍 들어간 색다른 건강 반찬이에요.
새우와 함께 볶으니, 브로콜리가 참 고소해요.
이건 채소를 잘 안 먹는 남편을 위한 특효 반찬이지요.

Recipe

2인분

브로콜리 1송이
칵테일 새우 10마리
양파 ½개
마늘 6쪽
소금 ½작은술
후춧가루 약간
로즈마리 약간
올리브유 1큰술

브로콜리에는 레몬의 2배, 감자의 7배에 달하는 비타민이 함유되어 있어요. 살짝 데치거나 기름에 볶으면 비타민의 체내 흡수율이 훨씬 높아집니다. 특히 줄기는 송이보다 영양가와 식이섬유 함량이 높으므로 버리지 말고 먹는 게 좋아요.

1

브로콜리는 끓는 물에 소금을 살짝 넣고 데쳐 먹기 좋은 크기로 잘라요.

2

칵테일 새우는 레몬즙을 뿌려 자연해동하고, 양파는 먹기 좋은 크기로 자르고, 마늘은 편 썰어요.

3

달군 팬에 올리브유를 두르고, 로즈마리와 마늘을 넣어 볶아요.

4

뒤이어 양파와 새우를 넣고 볶아요.

5

새우가 붉은색을 띠면 데친 브로콜리를 넣고 재빨리 볶아요.

6

소금과 후춧가루로 간을 맞추면 완성.

매콤한 두부강정

두부는 영양도 좋고 저렴해서 우리 집 냉장고에 항상 있는 재료인데요.
속은 부드럽고 겉은 바삭바삭하게 구운 후, 붉은 양념 옷을 입혀
매콤하게 만든 두부강정은 별미 중 별미랍니다.

Recipe

2인분

두부 1모
소금 약간
후춧가루 약간
전분가루 ½컵
식용유 2큰술
새싹 한 줌

소스

고추장 2큰술
고추기름 1큰술
케첩 4큰술
다진 마늘 1작은술
식초 1큰술
매실청 1큰술
굴소스 1큰술
간장 1큰술
올리고당 1큰술
물 ¼컵

물기를 뺀 두부를 전분가루에 묻혀 바삭하게 튀기듯 구우면 겉은 쫀득하고 속은 부드러워요. 그뿐 아니라 전분 옷 덕분에 양념이 골고루 잘 배어요.

1

두부는 흐르는 물에 한번 헹궈 주사위 모양으로 자른 뒤, 소금과 후춧가루를 살짝 뿌리고, 키친 타월에 얹어 물기를 빼요.

2

볼에 소스 재료를 모두 넣고 잘 섞어요.

3

두부에 전분가루를 골고루 묻혀요.

4

달군 팬에 식용유를 두르고, 두부를 노릇하게 구워요.

5

두부가 구워지는 동안, 다른 팬에 소스를 넣고 보글보글 끓여요.

6

소스가 끓으면 잘 구워진 두부를 넣고 골고루 버무려요. 접시에 담고 새싹을 올려주면 완성.

패밀리 레스토랑에서 즐겨 먹던 만다린치킨샐러드!
부드럽고 담백한 닭가슴살과 향긋한 오렌지 드레싱이 어우러져
누구나 맛있게 즐길 수 있어요.

Recipe

2인분

오렌지 2개
닭가슴살 2조각(250g)
삶은 달걀 1개
방울토마토 6개
샐러드용 채소 적당량
블랙올리브 약간

닭가슴살 밑간

올리브유 2큰술
소금 약간
후춧가루 약간
로즈마리 잎 약간

드레싱

오렌지 1개 과즙
식초 2큰술
올리브유 2큰술
올리고당 1큰술
레몬즙 1큰술
소금 약간

집에서 직접 만든 샐러드드레싱은 차게 두었다 먹어야 더 맛있어요. 분량의 재료를 잘 섞어 랩을 씌운 뒤 냉장고에서 숙성했다가 식탁에 올리기 바로 전에 꺼내 채소 위에 뿌려요.

1

샐러드용 채소는 깨끗이 씻어 먹기 좋은 크기로 잘라요.

2

닭가슴살도 먹기 좋은 크기로 잘라, 밑간을 하고 15분간 재워요.

3

삶은 달걀은 반으로 자르고, 오렌지는 과육만 발라요. 올리브와 방울토마토는 작게 잘라요.

4

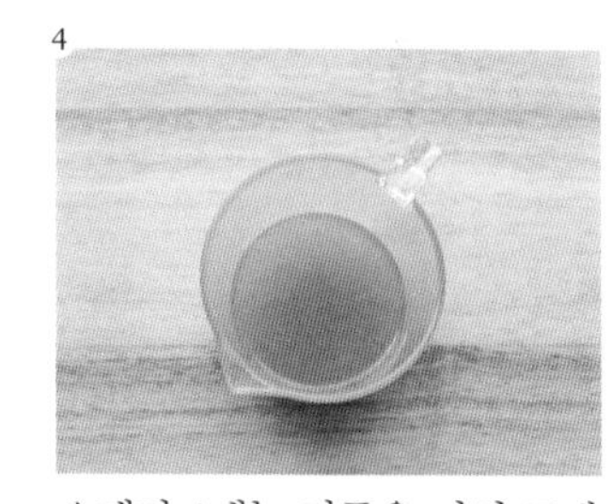

오렌지 1개는 과즙을 짜서 드레싱 재료들과 함께 잘 섞은 후, 냉장실에 차게 보관해요.

5

달군 팬에 기름을 살짝 두르고 닭가슴살을 노릇하게 구워요.

6

접시에 손질해둔 채소와 구운 닭가슴살, 달걀을 올리고 먹기 직전에 드레싱을 뿌려줍니다.

김치콩나물국

잘 익은 김치를 송송 썰어 넣어 개운하면서도 시원한 김치콩나물국. 회식 다음날 해장국으로도 좋고, 감기 기운이 돌 때에 밥 한 공기 말아 먹으면 힘이 불끈 솟아요.

Recipe

2인분

멸치 육수 5컵
콩나물 크게 한 줌
청양고추 1개
홍고추 ½개
대파 1대
신김치 1컵
김칫국물 1국자
다진 마늘 1작은술
새우젓 적당량

국을 끓일 때 콩나물이 익었는지 확인하려 자꾸 뚜껑 여닫기를 반복하면 자칫 비린 맛이 날 수 있어요. 콩나물이 다 익을 때까지 꾹 참거나 아예 처음부터 뚜껑을 열고 끓이는 것도 방법!

1

멸치와 건새우, 다시마를 넣고 푹 끓여 멸치 육수를 준비해요.

2

콩나물은 깨끗이 씻어 채반에 밭쳐 물기를 빼요.

3

청양고추와 홍고추, 대파는 어슷 썰어요.

4

멸치 육수가 푹 끓으면 건더기는 모두 건져내고 잘게 썬 김치와 김칫국물을 넣어요.

5

콩나물을 넣고 뚜껑을 열어둔 채 한소끔 끓여요.

6

보글보글 끓으면 다진 마늘을 넣어요.

7

대파와 청양고추, 홍고추도 넣어요.

8

새우젓으로 간을 맞추면 완성.

어머니께선 된장찌개에 차돌박이를 듬뿍 넣고 구수하게 끓이시는데 그 맛이 정말 일품이에요. 가끔 엄마 밥을 그리워하는 남편을 위해 보글보글 끓여봅니다.

Recipe

2인분

차돌박이 100g
된장 2큰술
두부 ½모
감자 ¼개
애호박 약간
양파 ½개
표고버섯 1개
청양고추 1개
대파 1대
다진 마늘 1작은술

멸치 육수

물 700mL
국물용 멸치 반 줌
건표고 기둥 약간
다시마 3장

차돌박이를 너무 많이 넣으면 오히려 국물이 느끼해질 수 있으니 100g을 넘지 않도록 해요.

1

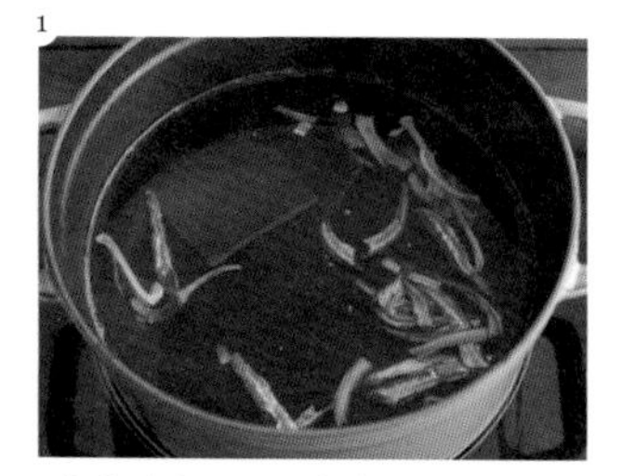

멸치 육수를 준비해요.

2

양파, 두부, 감자, 애호박, 버섯은 한 입 크기로 자르고, 청양고추와 대파는 어슷 썰어요.

3

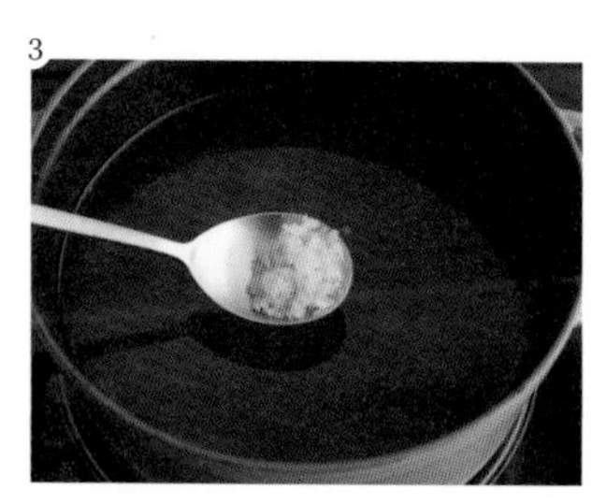

육수가 끓으면 건더기는 건지고, 된장과 다진 마늘을 넣어요.

4

감자를 넣고 끓여요.

5

감자가 익으면 호박과 양파, 버섯을 넣고 끓이다가 두부를 넣어요.

6

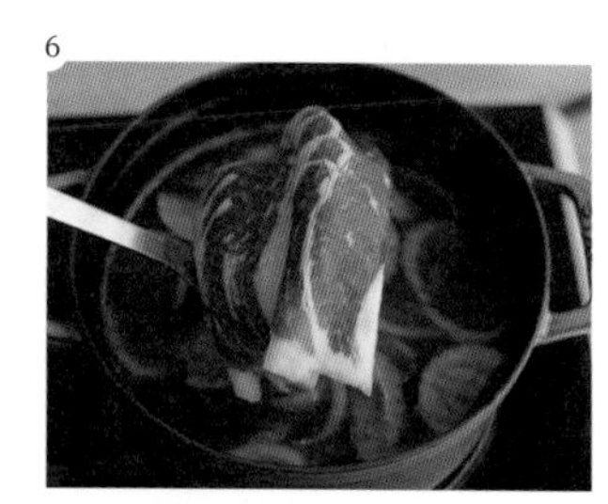

차돌박이를 넣어요.

7

대파와 청양고추를 넣어 한소끔 더 끓이면 완성.

돼지고기 김치찌개

연애 시절엔 야근이 많은 저를 만나러 남편이 회사 앞으로 자주 찾아왔어요. 마땅한 식당이 없어 주로 김치찌개를 사 먹곤 했지요. 이젠 집에서 김치찌개를 끓일 때마다 그 시절의 추억이 떠올라 찌개 한 입, 추억 한 입씩 먹어요.

Recipe

2인분

신김치 1컵
대파 1대
청양고추 1~2개
돼지고기 150g
멸치 육수 3컵
들기름 1큰술
김칫국물 1~2국자

김치찌개는 신김치나 묵은지로 끓여야 제맛이죠. 신김치가 없을 때는 냄비에 들기름을 두르고 김치를 볶다가 레몬즙을 1작은술 정도 넣고 조금 더 볶아주면 맛있어요.

1

돼지고기와 신김치는 먹기 좋게 잘라 준비해요.

2

청양고추와 홍고추, 대파는 어슷 썰어 준비해요.

3

달군 냄비에 들기름을 두르고, 잘게 썬 김치를 넣고 푹 볶아요.

4

돼지고기를 넣고 볶아요.

5

고기가 반쯤 익으면 멸치 육수를 붓고, 김칫국물도 1~2국자 넣어 보글보글 끓여요.

6

대파와 청양고추를 넣고 한소끔 더 끓이면 완성.

맑은 소고기뭇국

부드러운 소고기가 듬뿍 들어간 맑은 소고기뭇국은 어릴 적 할머니가 끓여주던 추억의 음식이죠. 할머니 생각이 날 때마다 만드는 음식이에요.

Recipe

3~4인분

소고기 양지 200g
무 200g
대파 1대
다시마(사방 5cm) 3장
물 1.2L
소금 약간
후춧가루 약간

소고기 밑간

간장 1큰술
다진 마늘 1큰술
청주 1큰술
생강즙 1작은술
참기름 1작은술
후춧가루 약간

무는 부위별로 조금씩 그 맛이 달라요. 국을 끓이거나 조림처럼 오래 익힐 때는 조직이 단단한 가운데 부분을, 생채처럼 날로 먹을 때는 단맛이 강한 가장 윗부분을 사용해요.

1

소고기는 키친타월로 눌러 핏물을 제거하고, 미리 밑간을 해서 20분간 재워요.

2

무는 2.5cm 크기로 나박 썰고, 대파는 송송 썰어요.

3

달군 냄비에 참기름을 두르고, 양념에 재워둔 소고기를 볶아요.

4

소고기가 익기 시작하면 무를 넣어 함께 볶아요.

5

이때 숟가락이나 망으로 거품을 걷어내야 국물이 깔끔해져요.

무가 익기 시작해 투명해지면 물과 다시마를 넣고 보글보글 끓이다가, 5분이 지나면 다시마를 건져내고 중간 불로 줄여 15분간 더 끓여요.

6

소금과 후춧가루로 간을 맞춰요.

7

마지막으로 대파를 넣고 한소끔 더 끓여내면 완성.

바지락 순두부찌개

칼칼하고 개운한 국물이 생각 날 때, 바지락을 한 줌 넣고 얼큰하게 끓이면
별다른 반찬 없이도 밥 한 공기 뚝딱 이에요.
보들보들한 순두부가 듬뿍 들어가 맛도 영양도 일등이지요.

Recipe

2인분

멸치 육수 3컵
순두부 1팩
신김치 한 줌
바지락 1봉
새우젓 1작은술
고추기름 2큰술
청양고추 1개
양파 약간
홍고추 1개
대파 1대
고춧가루 1큰술
다진 마늘 1작은술
후춧가루 약간
달걀 노른자 1개

1

신김치는 송송 썰고, 바지락은 소금물에 담가 해감을 빼요.

2

순두부는 큼직하게 자르고, 양파, 대파, 청양고추와 홍고추는 먹기 좋게 잘라요.

3

냄비에 고추기름을 넉넉히 두르고, 고춧가루를 넣어 볶아요.

4

김치를 넣고 함께 볶아요.

5

미리 준비한 멸치 육수를 붓고, 다진 마늘과 바지락을 넣어 보글보글 끓여요.

6

바지락이 입을 벌리면 손질한 채소를 넣어요.

7

순두부를 넣고 한소끔 끓여요.

8

대파와 후춧가루를 넣고, 모자란 간은 소금이나 새우젓을 넣으면 완성.

찌개를 다 끓인 후 고추기름을 넣으면 기름이 겉돌아 국물이 느끼해질 수 있어요. 처음부터 고추기름에 고춧가루와 김치를 볶고 육수를 넣고 끓여야 감칠맛과 단맛이 우러나와요.

부드러운 시래기로 보글보글 끓인 청국장은 남편이 참 좋아하는 메뉴에요. 어릴 땐 특유의 진한 냄새 때문에 꺼리던 음식이었는데, 이제는 그 향이 구수하게 느껴지는 걸 보니 저도 제법 나이가 들었나봅니다.

Recipe

2인분

삶은 시래기 150g
청국장 100g
된장 1큰술
다진 마늘 1작은술
소금 약간
양파 ¼개
애호박 약간
표고버섯 1개
두부 ¼모
대파 약간
청양고추 1개
멸치 육수 3컵

시래기는 무청을 말려서 삶은 것을 말해요. 간혹 우거지와 혼동하기도 하는데, 우거지는 배춧잎을 삶은 거예요. 시래기는 통풍이 잘 되는 그늘진 곳에서 말린 것이 연하고 그 맛과 향이 더 뛰어납니다.

1

삶은 시래기는 물기를 꼭 짜고 잘게 자른 후, 된장과 다진 마늘을 넣어 조물조물 무쳐 30분 정도 재워요.

2

각종 채소는 먹기 좋은 크기로 잘라 준비해요.

3

멸치 육수에 양념한 시래기와 청국장을 넣고 보글보글 끓여요.

4

애호박과 양파, 표고버섯, 청양고추를 넣고 한소끔 더 끓여요.

5

올라오는 거품은 제거하고, 호박이 익으면 두부를 넣어요.

6

마지막으로 대파를 넣고 모자란 간은 소금으로 맞춰요.

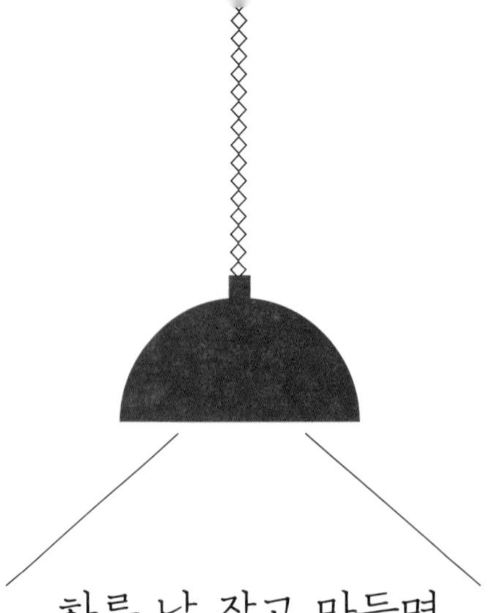

하루 날 잡고 만들면 일주일이 편해지는 밑반찬

직장을 그만두고 전업주부가 되면, 하루가 여유롭고 자유 시간이 많아질 줄 알았다.
그런데 이게 웬걸. 매일 아침 출근하는 남편을 배웅하고 나면 나 역시 그때부터
부엌으로 출근을 했다. 요리 솜씨가 서툴렀던 신혼 때엔 한 가지 음식을 만드는 데에도
꽤 오랜 시간이 걸렸다. 저녁 식탁에 올릴 두세 가지 반찬을 준비하다 보면 어느새 하루가
다 지나고 말았다. 게다가 국이나 찌개, 메인 음식들은 한 번에 많이 만들자니 금세 질리고,
그렇다고 매번 새로운 요리를 한다는 것도 쉬운 일은 아니었다. 이렇게 한참 반찬 고민에 빠져있을 때,
친정엄마는 남편이 좋아할 만한 밑반찬을 만들어보라고 일러주셨다.
매일 먹어도 질리지 않고, 다양한 요리에도 활용할 수 있는 밑반찬들 말이다.
몇 가지 기본 밑반찬을 만들어 놓으면 마음이 든든해지고,
반찬 고민이 절반으로 줄어든다.

마늘종새우볶음

표고버섯통마늘고추장볶음

달걀감자조림

매실장아찌무침

연근조림

잔멸치견과류볶음

소고기메추리알장조림

진미채볶음

꽈리고추어묵볶음

참치김치볶음

마늘종 새우볶음

마늘종은 마늘처럼 매운맛을 지니고 있으면서도 냄새가 그리 심하지 않아 반찬으로 좋아요. 마른 새우와 함께 볶으면 짭조름 달콤한 양념과 어우러져, 밥 한 그릇 물에 말아 한술 뜨기 좋은 반찬이 되지요.

Recipe

마늘종 200g
건새우 1컵
식용유 약간
소금 약간
통깨 약간

양념

- 간장 3큰술
- 물 1큰술
- 올리고당 2큰술
- 홈메이드 맛술 2큰술
- 참기름 ½큰술

마늘종을 볶기 전에 미리 데치면 마늘종의 색깔이 더욱 푸릇해지면서 양념도 더 잘 배고 아삭한 식감이 살아요. 줄기에 물이 올라 통통한 것, 위로 갈수록 초록색이 선명한 게 좋은 마늘종이랍니다.

1

마늘종은 3~4cm 크기로 잘라 끓는 물에 소금을 넣고 데친 다음, 체에 밭쳐 물기를 빼요.

2

볼에 양념장 재료를 모두 넣고 잘 섞어요.

3

달군 팬에 식용유를 두르고, 데친 마늘종을 볶아요.

4

마늘종이 어느 정도 볶아지면 양념을 넣어요.

5

마늘종에 양념이 배면 중간 불로 줄이고, 마른 새우도 넣어요. 양념이 거의 졸아 수분이 날아가면, 통깨를 뿌려 마무리해요.

표고버섯통마늘 고추장볶음

매콤달콤한 고추장 양념에 향긋하고 쫄깃한 표고버섯까지 더해져 밥반찬으로 아주 훌륭해요.
구운 마늘은 맵고 알싸한 맛이 사라지고 구수하고 달큼한 맛만 남아 부담 없이 먹을 수 있어요.

마늘 10~15쪽
표고버섯 2개
대파 1대
올리브유 1큰술
통깨 약간

양념

- 고추장 1큰술
- 고춧가루 1큰술
- 올리고당 1큰술
- 간장 1작은술
- 참기름 1큰술

통마늘은 칼집을 살짝 넣어야 양념이 더욱 잘 배어 맛있어요. 볶을 때에도 마늘을 먼저 볶아서 충분히 익혀야 맵고 알싸한 맛이 사라지고 달큼하고 고소해진답니다.

1

표고버섯은 먹기 좋은 크기로 자르고, 통마늘은 양념이 잘 배도록 칼집을 내요. 대파는 송송 썰어요.

2

달군 팬에 올리브유를 두르고 마늘을 노릇하게 볶아요.

3

마늘이 거의 다 익으면, 표고버섯을 넣고 볶아요.

4

양념을 넣고 재빨리 볶아요.

5

송송 썬 파를 넣고 불을 끈 다음, 남은 열로 잘 섞은 뒤, 그릇에 담아 통깨를 솔솔 뿌려주면 완성.

달걀감자조림

어느 집이나 냉장고에 달걀과 감자는 필수적으로 구비해 놓겠죠? 그래서인지 더욱 부담 없이 만들어 먹을 수 있는 반찬이랍니다. 만들어서 바로 먹어도 맛있고, 밑반찬으로 며칠 두고 먹어도 좋아요.

Recipe

달걀 4개
감자 3개
청양고추 1개
홍고추 1개
양파 ½개
간장 50mL
물 200mL
올리고당 3큰술
참기름 1작은술
통깨 약간

처음부터 모든 재료를 다 넣고 끓여도 되지만, 조림장에 감자를 먼저 넣고 끓이다가 어느 정도 익었을 때 달걀을 넣어줘야 감자와 달걀에 간이 알맞게 배어요.

1

달걀은 15분간 삶은 다음, 껍질을 벗겨 준비합니다.

2

감자와 양파는 껍질을 벗겨 먹기 좋은 크기로 자르고, 홍고추와 청양고추는 어슷 썰어요.

3

냄비에 물과 간장, 올리고당, 감자와 양파를 넣고 중불에서 끓이다가 양념장이 끓기 시작하면 약한 불로 줄이고 감자가 익을 때까지 10분 정도 끓여주세요.

4

감자가 익었다 싶으면 달걀을 넣고 조금 더 조려요.

5

마지막으로 참기름과 홍고추, 청양고추, 통깨를 넣어 잘 섞어주면 완성.

매실 장아찌무침

예로부터 소화가 안 될 땐 매실을 먹곤 했죠. 식사 때마다 한두 조각씩 먹으면 소화제가 필요 없어요. 매실장아찌무침은 시간이 지나면서 양념이 골고루 배어들어 꼬들꼬들해지기 때문에 식감도 좋아요.

Recipe

매실장아찌 ½컵
고추장 1큰술
다진 마늘 1작은술
고춧가루 1작은술
통깨 약간
참기름 1작은술

1

볼에 매실 장아찌를 덜어요.

2

고추장, 다진 마늘, 고춧가루, 통깨와 참기름을 넣어요.

3

조물조물 무치면 완성.

무침은 재료에서 수분이 빠져 나오지 않아야 간이 약해지지 않고 식감도 살아요. 무치기 전에 재료의 물기를 제거하고 손으로 조물조물 무쳐야 더 맛있답니다.

연근조림

밑반찬의 대명사인 연근조림. 아삭거리는 식감이 좋아 엄마가 자주 해주시던 반찬이었는데, 이제는 제가 남편을 위해 준비합니다.

Recipe

껍질 벗긴 연근 200g
들기름 1큰술
물 100mL
간장 3큰술
올리고당 2큰술
통깨 약간

연근은 타닌 성분 때문에 껍질을 벗겨두면 금세 색이 변해요. 갈변된 연근은 요리가 완성된 후에도 얼룩처럼 보여서 좋지 않아요. 물에 식초를 몇 방울 떨어뜨려 손질하면 변색도 막고 떫은맛도 제거할 수 있어요.

1

연근은 필러로 껍질을 벗기고, 5~6mm 두께로 썰어요.

2

볼에 물과 간장, 올리고당을 섞어 양념장을 만들어요.

3

달군 팬에 들기름을 두르고, 4~5분간 연근을 볶아요.

4

연근이 어느 정도 익으면 양념장을 넣고 중불에서 보글보글 끓여요.

5

간이 배고, 윤이 나도록 조려주세요. 양념장이 살짝 자작해질 때까지 조리면 됩니다.

6

마지막으로 통깨를 솔솔 뿌리면 완성.

잔멸치 견과류볶음

연애할 때 종종 남편과 맥주 몇 캔 사 들고 한강 둔치에서 데이트를 즐기곤 했어요.
그때 자주 사 먹던 안주인 '칼몬드'가 이렇게 어엿한 밑반찬이 될 줄이야!

Recipe

잔멸치 1컵
아몬드 슬라이스 한 줌
다진 땅콩 2큰술
다진 호두 2큰술
호박씨 2큰술
설탕 1큰술
올리고당 1큰술

잔멸치를 설탕물에 담가두면 짠맛 제거에 도움이 돼요. 설탕물 때문에 달아지지 않을까 걱정하지 않아도 된답니다. 멸치를 볶을 때 수분이 날아가면서 단맛이 거의 남지 않거든요. 또 멸치는 최대한 바삭하게 볶아야 보관할 때 눅눅해지지 않아요.

1

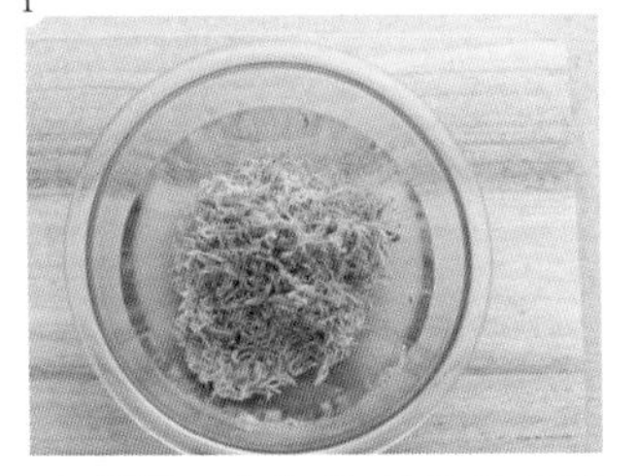

잔멸치는 여러 번 찬물에 헹군 다음, 볼에 설탕 1큰술과 물을 붓고, 15~20분간 담가 놓아요.

2

견과류를 준비해요.

3

멸치는 체에 밭쳐 물기를 제거해요.

4

기름을 두르지 않은 팬에서 물기를 날려가며 멸치를 바삭하게 볶아요.

5

바삭바삭하게 볶아졌으면 견과류를 넣고 조금 더 볶아요. 기호에 따라 올리고당 1큰술을 넣고 불을 끈 다음, 잔열로 몇 번 섞으면 완성.

소고기메추리알 장조림

장조림은 누구나 좋아하는 밑반찬이죠. 쫄깃하면서도 담백한 소고기에 보너스로 메추리알과 꽈리고추, 마늘까지 한가득!

Recipe

소고기 우둔살 350g
메추리알 20~30개
꽈리고추 한 줌
마늘 10쪽
홍고추 1개

애벌삶기

- 물 1L
- 마늘 10쪽
- 통후추 10개
- 대파 흰부분 1대

조림장

- 육수 1L
- 간장 150mL
- 청주 3큰술
- 설탕 4큰술

맛술과 청주는 둘 다 쌀로 만든 술로, 음식의 잡맛을 잡아주고 재료의 맛을 더욱 좋게 하는 역할을 하는데요. 맛술은 청주에 단맛을 추가했기 때문에 적은 양을 사용할 때에는 큰 차이가 없지만 많이 넣을 때에는 단 맛의 농도가 달라지므로 용도에 맞게 사용해야 해요.

1

소고기는 덩어리째 1시간 정도 찬물에 담가 핏물을 빼요.

2

메추리알은 끓는 물에 삶아 껍질을 벗겨요.

3

꽈리고추는 깨끗이 씻어 꼭지를 제거하고, 마늘은 편으로 썰고, 홍고추는 송송 썰어요.

4

고기가 충분히 잠길 정도의 물과 마늘, 통후추, 대파를 넣고 30분간 끓여요. 젓가락으로 찔렀을 때 핏물이 나오지 않으면 OK.

5

소고기는 건지고, 육수는 면보나 여과지를 이용해 맑게 걸러요.

6

소고기는 먹기 좋은 크기로 결대로 찢어요.

7

냄비에 소고기와 메추리알, 육수를 넣고 바글바글 끓여요.

8

마늘과 꽈리고추, 조림장을 넣고 한소끔 더 끓여 식혀주면 완성.

진미채볶음

두 말이 필요 없는 국민 밑반찬 진미채볶음. 부드럽고 촉촉하게 만드는 게 관건이에요.
간단하지만 꼭 기억해둘 비법을 알려드릴게요.

Recipe

진미채 200g
설탕 1큰술
간장 2큰술
고추장 1큰술 반
물 100mL
식용유 1큰술
마요네즈 1큰술
통깨 약간

다 먹을 때까지 양념장이 촉촉하게 살아있는 비밀은 바로 마요네즈에요. 마요네즈를 1큰술 넣어서 마무리하면 고소하기도 하고, 냉장고에 보관해도 촉촉함을 계속 유지해요.

1

진미채는 찬물에 15분 정도 담갔다가 물기를 꼭 짜요.

2

달군 팬에 식용유와 간장, 고추장, 설탕, 물을 넣고 끓여요.

3

소스가 바글바글 끓으면 진미채를 넣고 중간 불에서 조려요.

4

소스가 어느 정도 조려지면 마요네즈를 1큰술 넣고 섞어가며 볶다가 통깨를 뿌려주면 완성.

꽈리고추 어묵볶음

사각 어묵을 길쭉하게 썰어서 양념에 볶기만 해도 훌륭한 밑반찬이 돼요.
여기에 꽈리고추까지 넣어주면 매콤해서 더욱 감칠맛 나죠.

Recipe

어묵 3장(150g)
꽈리고추 한 줌
당근 ⅕개
양파 ½개
통깨 약간
식용유 1큰술
다진 마늘 1작은술
후춧가루 약간

양념
간장 1큰술 반
올리고당 1큰술
고춧가루 1큰술
홈메이드 맛술 1작은술
참기름 1작은술

● 꽈리고추가 아주 매울 때는 이쑤시개나 칼로 구멍을 5~6군데 내고 살짝 데쳐주면 매운맛이 많이 빠져요. 데친 후에는 재빨리 찬물에 담가서 식혀야 아삭함이 살아 있어요.
● 어묵을 뜨거운 물에 담근 후 조리하면 기름이 빠져 느끼하지 않고 냉장 보관해도 쉽게 딱딱해지지 않아요.

1

어묵은 1cm 너비로 자르고, 양파와 당근은 채 썰어요.

2

뜨거운 물을 부어 어묵 표면의 불순물과 기름기를 제거하고 체에 밭쳐 물기를 빼요.

3

그 사이 양념장 재료를 모두 섞어 양념장을 만들어 둡니다.

4

달군 팬에 식용유를 두르고, 다진 마늘을 볶아 향을 내줍니다.

5

양파와 꽈리고추, 당근을 넣고 볶아요.

6

어묵을 넣어요.

7

양념장을 넣고 양념이 잘 배도록 볶아요.

8

양념장이 거의 졸아들면 후춧가루, 참기름을 넣고 잘 섞은 다음, 통깨를 뿌려주면 완성.

참치김치볶음

특별한 재료 없이, 김치와 참치 캔만 있으면 누구라도 쉽고 맛있게 만들 수 있어요.
라면이나 찬밥과도 잘 어울려 신혼 때 정말 자주 만들었던 반찬이랍니다.

Recipe

신김치 1컵
참치 1캔
참기름 1큰술
고추장 1작은술
통깨 약간

동글이의 Tip

참치김치볶음은 밑반찬으로도 좋지만 삼각김밥이나 주먹밥에 넣어도 맛있어요. 또 데친 두부를 곁들이면 훌륭한 술안주가 된답니다.

1

신김치는 송송 썰어요.

2

참치캔은 개봉해서 체에 밭쳐 기름기를 빼요.

3

달군 팬에 참기름을 두르고, 김치를 달달 볶아요.

4

김치가 충분히 볶아지면, 기름 뺀 참치를 넣고 볶아요.

5

고추장 1작은술을 넣고 잘 섞어가며 볶다가 통깨를 뿌려요.

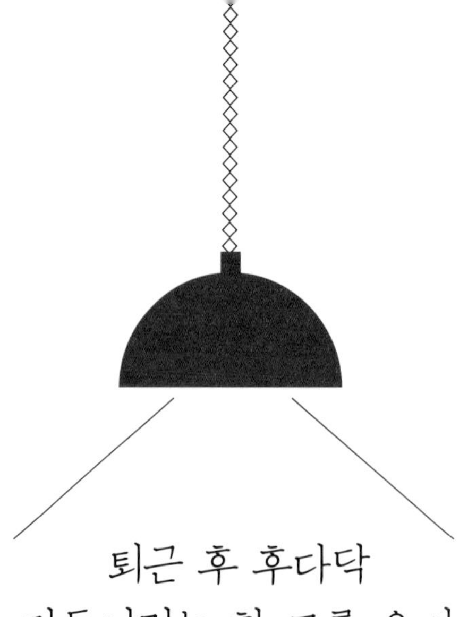

퇴근 후 후다닥 만들어먹는 한 그릇 요리

수없이 반복되는 야근과 오랜 회사 생활에 지쳐갈 때쯤 결혼을 했다.
이때가 기회다 싶어 냉큼 사표를 던지고 전업주부를 택했지만, 결국 1년을 못 채우고
다시 일을 시작했다. 하루 세 번씩 하던 반찬 고민이 한두 번으로 줄었다는 기쁨도 잠시,
퇴근 후 빠르고 간편하게 해먹을 수 있는 요리에 나의 온 관심이 쏟아졌다.
냉장고는 텅 비어있기 일쑤고 외식이나 배달 음식의 유혹도 많았지만,
자극적인 조미료와 강렬한 맛에 길들면 식생활 패턴이 깨지고
건강도 해치게 된다는 소신으로 꿋꿋하게 부엌을 지킨 건 내가 생각해도 대견하다.
남편과 함께 저녁을 준비하고 식탁에 마주 앉아 도란도란 일과를 이야기하며
식사하는 시간이야말로 그 시절 가장 행복했던 순간으로 기억된다.
별다른 반찬이 필요 없는 한 그릇 요리라면 퇴근 후 저녁 시간을 여유롭게 즐길 수 있다.

나또새싹비빔밥

김치말이국수

다시마쌈밥

중국식 마늘 & 새우볶음밥

오징어덮밥

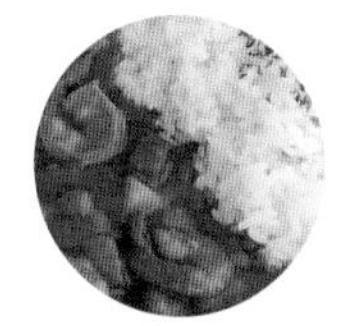
새우카레

마파두부

가지토마토소스
닭가슴살구이

새우올리브파스타

해물짜장밥

깍두기참치볶음밥

나또는 우리나라의 생청국장처럼 삶은 콩을 발효시켜 만든 일본 전통 식품이에요.
주로 간장에 비벼 생으로 먹지만, 싱싱한 새싹을 곁들이면 일품요리가 되지요.

새싹 1팩
나또 2팩
밥 2공기
참기름 2큰술
간장 2큰술
김가루 약간
통깨 약간

● 새싹 채소는 재배 기간이 비교적 짧아서 대부분 농약이나 화학 비료가 없는 친환경 먹거리 중 하나에요. 하지만 쉽게 무르기 때문에 그때그때 먹을 만큼만 사는 게 좋아요!

● 나또는 젓가락으로 여러 번 빙글빙글 저어 끈적한 실타래를 많이 만들수록 영양소 흡수율이 좋아져요.

1

새싹은 깨끗이 씻어 체에 밭쳐 물기를 제거해요.

2

나또는 함께 들어있는 겨자와 간장소스를 넣고 쓱쓱 비벼요.

3

볼에 밥을 담고, 참기름과 간장으로 양념을 해요.

4

양념한 밥 위에 새싹과 나또를 듬뿍 올리고, 김가루와 통깨를 솔솔 뿌려주면 완성.

김치말이국수

계절에 상관없이 사랑받는 김치말이국수. 살얼음 동동 동치미 국물이나 빨간 김칫국물에
새하얀 국숫발을 돌돌 말아먹는 바로 그 맛! 생각만 해도 군침이 돌아요.

Recipe

2인분

소면 혹은 중면 200g
볶은 김치 1컵
삶은 달걀 1개
오이 약간

멸치 육수

물 5컵
국물용 멸치 한 줌
다시마 2~3장
표고버섯 약간
건새우 약간

김칫국물 양념

김칫국물 2컵
멸치 육수 4컵
설탕 1큰술
참기름 1큰술
식초 3~4큰술
통깨 1큰술

김치말이국수의 국물은 새콤달콤해야 더 감칠맛이 나고 맛있으므로 기호에 따라 설탕과 식초를 가감하면 좋아요.

1

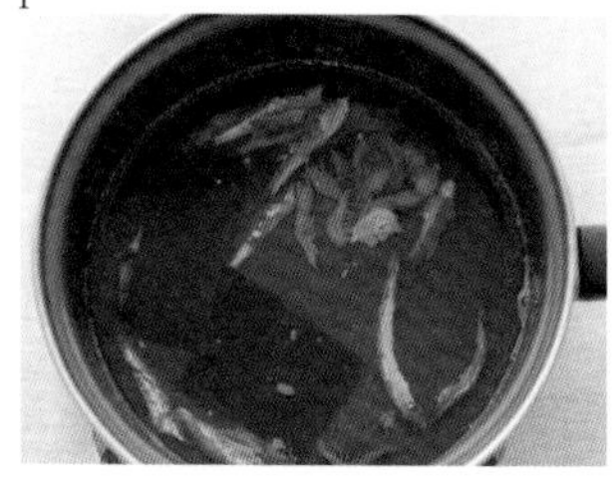

멸치 육수 재료들을 냄비에 넣고 15~20분 가량 끓인 뒤 체에 밭쳐 맑게 걸러요.

2

달걀은 미리 삶아 반으로 자르고, 오이는 가늘게 채 썰어요.

3

김치는 송송 썰어 들기름에 볶아요.

4

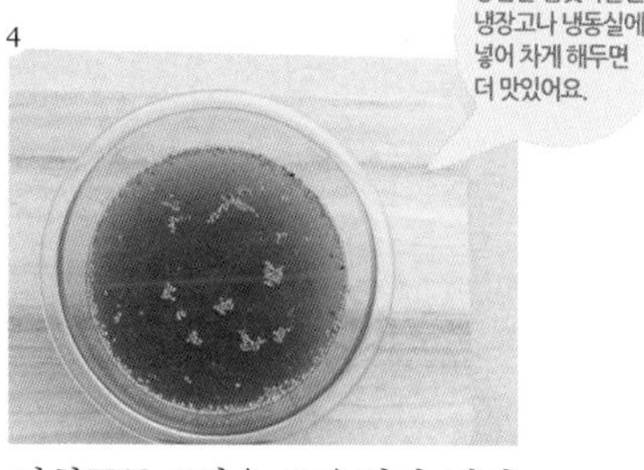

양념한 김칫국물은 냉장고나 냉동실에 넣어 차게 해두면 더 맛있어요.

김칫국물 2컵을 고운체에 걸러 멸치 육수에 넣고 양념의 나머지 재료들을 넣어요.

5

면은 삶아서 찬물에 여러 번 헹궈 물기를 뺀 다음, 그릇에 돌돌 말아 가지런히 담고, 차가운 김칫국물과 볶은 김치, 오이, 삶은 달걀을 얹으면 완성.

다시마쌈밥

한입에 쏙 들어가는 크기라 먹기 편한 다시마 쌈밥. 다시마에서 은은한 바다 향이 풍겨 기분마저 즐거워져요. 남편과 사이 좋게 서로 한 입씩 먹여주면 사랑도 더 깊어지지 않을까요?

2인분

쌈 다시마 약간
밥 2공기
참기름 1큰술
통깨와 검정깨 약간
쌈장 약간

동글이의 Tip

쌈 다시마가 없다면 마른 다시마를 불려서 사용해도 좋아요. 밥 지을 때 마른 다시마를 쌀 위에 얹으면 밥도 맛있어지고, 다시마도 쫀득해지면서 감칠맛이 나지요.

1

염장이 되어 있는 쌈 다시마는 물에 깨끗이 헹궈 소금기를 제거하고, 찬물에 20분 정도 담가 짠맛을 없애요.

2

그 사에 볼에 밥 2공기를 넣고 검정깨와 통깨, 참기름을 넣어 고슬고슬 섞어요.

3

물기를 꼭 짠 다시마를 직사각형 모양으로 잘라준 뒤, 밥을 얹고 돌돌 말아요.

4

밥 가운데에 쌈장을 얹어주면 완성.

중국식 마늘& 새우볶음밥

남편이 회식하는 날, 혼자 간단히 한 끼 때우고 싶을 때엔 볶음밥이 최고죠.
구운 마늘과 새우, 달걀, 굴소스로 맛을 내 예쁜 그릇에 담으면
홀로 먹어도 폼 나요.

Recipe

2인분

칵테일 새우 10마리
실파 2대
마늘 5쪽
달걀 2개
밥 2공기
올리브유 약간

양념

- 굴소스 2큰술
- 청주 1큰술
- 참기름 1큰술
- 후춧가루 약간
- 통깨 1큰술

볶은밥은 밥에 수분이 많으면 맛이 없어요. 그래서 찬밥으로 만드는 게 더 좋지요.
볶음밥을 맛있게 만들려면, 밥을 센 불에서 재빨리 흐트러뜨리며 볶아야 고슬고슬해요.

1

새우는 깨끗이 씻어 찬물에 담가요. 마늘은 편으로 썰고, 실파는 송송 썰어 준비해요.

2

볼에 양념 재료를 모두 넣고 잘 섞어요.

3

달군 팬에 올리브유를 두르고, 마늘과 새우를 볶아서 잠시 접시에 덜어둡니다.

4

마늘을 굽던 팬에 달걀을 넣어 스크램블을 만들고 다른 접시에 덜어놓아요.

5

밥 2공기와 양념을 넣고 볶아요.

6

밥과 양념이 한데 어우러지면 볶은 마늘과 새우, 달걀, 실파를 넣고 잘 섞으며 볶아요.
볶음밥이 완성되면 밥공기에 담은 뒤, 접시를 포개어 엎어주면 예쁘게 담을 수 있어요.

오징어덮밥

오징어 한 마리와 냉장고 속 남은 자투리 채소로 만드는 오징어덮밥.
이마에 땀방울이 송골송골 맺힐 정도로 매콤하게 먹고 나면
힘이 불끈 솟아요.

Recipe

2인분

오징어 1마리
양파 ½개
청양고추 1개
홍고추 1개
대파 1대
당근 약간
식용유 약간
통깨 약간
밥 2공기

양념

고추장 2큰술
고추가루 1큰술
간장 1큰술
설탕 1작은술
매실청 1작은술
다진 마늘 1큰술
후춧가루 약간

오징어는 센 불에서 재빨리 볶아야 질기지 않고 쫄깃해져요. 또 오징어를 볶을 땐 칼집을 넣은 부분부터 먼저 팬에 지진 뒤 뒤집어야 오징어가 덜 오그라들어 먹음직스러워요!

1

오징어는 껍질을 벗겨요.

2

칼집을 내고 적당한 크기로 잘라요.

3

양파는 채 썰고, 청양고추와 홍고추는 어슷 썰어요. 당근과 대파는 큼직하게 썰어둡니다.

4

양념 재료를 모두 넣고 잘 섞어요.

5

달군 팬에 식용유를 두르고 손질한 채소를 넣고 볶아요.

6

양파가 투명해지면 손질한 오징어를 넣어요.

7

양념을 넣고 센 불에 볶아요.

8

후춧가루와 통깨를 약간 뿌린 뒤, 접시에 밥과 함께 담아요.

새우카레

부엌에서 보내는 시간이 좋긴 하지만, 가끔은 모든 게 귀찮고
힘들 때가 있어요. 그럴 땐 카레를 만들어요. 한 냄비 가득 만들어 놓고
며칠씩 식탁에 올려도 괜찮은 마법의 요리거든요.

Recipe

3~4인분

칵테일 새우 두 줌
감자(중) 1개
양파(중) ½개
당근 ¼개
삶은 완두콩 약간
버터 약간
후춧가루 약간
식용유 1큰술
물 600mL
카레 100g

물 대신 다시마 우린 물을 넣으면 더 감칠맛이 돌아요.

1

새우는 깨끗이 씻어 물기를 제거하고, 감자와 당근, 양파는 먹기 좋은 크기로 잘라요.

2

달군 팬에 버터를 녹여요.

3

새우를 볶다가 후춧가루를 살짝 뿌리고 다 볶아지면 잠시 다른 그릇에 옮겨요.

4

새우를 볶던 팬에 식용유를 조금 두르고, 손질한 채소를 센 불에 살짝 볶아요.

5

냄비에 볶은 채소와 새우, 물을 넣고 끓여요.

6

카레를 넣고 저어가며 보글보글 끓여요.

7

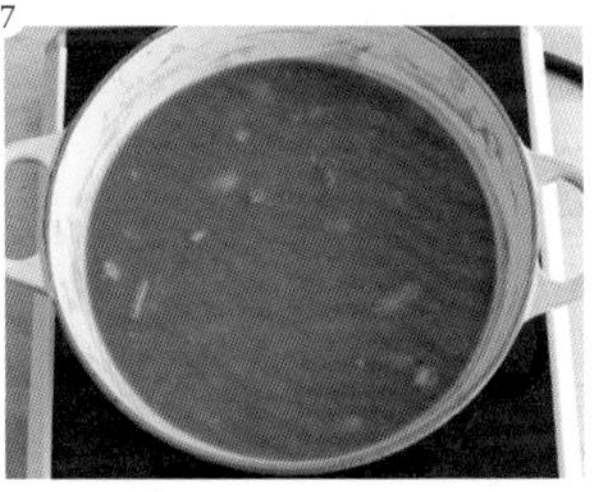

걸쭉해지도록 약 10분간 잘 저으면서 끓이면 완성.

마파두부

결혼하고 얼마 지나지 않아, 남편에게 특별한 요리를 해주겠다며 야심 차게 만들었던 마파두부. 남편이 눈 깜짝할 사이 한 그릇을 다 비우고는 엄지손가락을 척 들어주었어요. 그때부터 우리 집 단골 메뉴가 되었답니다.

Recipe

2인분

- 돼지고기 다짐육 150g
- 두부 1모
- 양파 ½개
- 청양고추 1개
- 대파 1대
- 고추기름 1큰술
- 다진 마늘 1작은술
- 물 200mL
- 두반장소스 2큰술
- 고춧가루 1큰술
- 전분물 약간
- 참기름 약간

1

두부는 사방 1.5cm 크기로 깍둑 썰고, 양파는 잘게 썰고,청양고추와 대파는 송송 썰어요.

2

달군 팬에 고추기름을 두르고, 다진 마늘을 넣고 볶아요.

3

돼지고기 다짐육을 넣고 볶아요.

4

돼지고기가 어느 정도 익으면 양파를 넣고 볶다가 대파와 청양고추도 함께 넣어요.

5

두반장소스와 고춧가루를 넣어요.

6

분량의 물을 넣고 보글보글 끓여요.

7

두부를 넣어요.

8

전분물은 전분가루 1큰술에 찬물 2큰술을 넣고 잘 섞어요.

두부에 간이 배면 전분물을 넣어가며 걸쭉하게 끓이다가 참기름 1작은술을 넣고 섞어주면 완성.

두반장은 누에콩으로 만든 된장에 고추와 향신료를 넣어 만든 중국 소스 중 하나로, 칼칼하면서도 매운맛이 특징이에요. 마파두부를 비롯한 사천 요리에 자주 쓰이는 소스랍니다.

건강을 위한 다이어트는 누구에게나 평생 숙제가 아닐까요?
결혼하고 부쩍 체중이 늘어난 남편을 위해 맛있는 다이어트 메뉴를 준비했어요.
칼로리가 적은 닭가슴살과 가지가 듬뿍 들어가 배불리 먹어도 걱정 없어요.

Recipe

2인분

닭가슴살 300g
양파 ⅓개
가지 1개
마늘 4~5쪽
올리브유 2큰술
방울토마토 5~6개
토마토소스 5큰술
물 50mL
후춧가루 약간
로즈마리 잎 약간

닭고기 밑간

굴소스 1큰술
소금 약간
후춧가루 약간
청주 1큰술

닭고기는 밑간을 해서 재운 다음 기름을 두르고 구워야 퍽퍽하지 않고 촉촉해요.

1

닭가슴살은 먹기 좋은 크기로 자르고 굴소스, 청주, 소금, 후춧가루를 넣어 잘 섞은 후, 10분 이상 재워요.

2

양파, 마늘, 방울토마토와 가지는 먹기 좋은 크기로 잘라요.

3

달군 팬에 올리브유를 두르고, 닭가슴살을 앞뒤로 노릇하게 구워요.

4

다른 팬에 올리브유를 두르고, 마늘과 양파를 볶아요.

5

뒤이어 가지, 방울토마토도 함께 넣고 볶아요.

6

양파가 투명해지면 분량의 토마토소스와 물을 넣고 로즈마리 잎을 띄운 뒤, 후춧가루를 살짝 넣고 보글보글 끓여요. 접시에 닭가슴살과 가지토마토소스를 함께 담으면 완성.

새우올리브 파스타

새우올리브파스타는 깔끔하고 고소하면서도, 만들기도 쉬워
누구나 간단히 즐길 수 있어요.
집에서도 유명 레스토랑 못지않은 맛과 분위기를 연출해보세요.

Recipe

새우 8마리
블랙올리브 3~4알
그린올리브 3~4알
마늘 5쪽
브로콜리 ⅓송이
레드페퍼 약간
파스타면 200g
굵은 소금 1큰술
올리브유 2큰술
소금 약간
후춧가루 약간

파스타 삶은 물은 버리지 마세요. 파스타를 볶을 때, 좀 뻑뻑하다 싶으면 오일이나 파스타 삶은 물을 2~3큰술 넣으면 좋답니다.

1

올리브와 마늘은 슬라이스하고, 냉동새우는 물에 담가 해동해요. 브로콜리는 미리 데쳐 준비합니다.

2

끓는 물 1L에 굵은 소금 1큰술을 넣고 파스타면을 10~12분간 삶아요.

3

달군 팬에 올리브유를 넉넉히 두르고, 마늘 슬라이스와 레드페퍼를 넣고 볶아요.

4

뒤이어 올리브와 새우, 브로콜리를 넣고 볶아요.

5

삶은 파스타면을 넣고 잘 섞으며 볶아요.

6

소금과 후춧가루로 간을 맞추면 완성.

해물짜장밥

한국인이 가장 좋아하는 중국 음식이지만 정작 중국에는 없는 게 바로 짜장면이죠! 남편이 좋아하는 해물을 듬뿍 넣고, 면 대신 밥을 담아 보았어요.

Recipe

2인분

- 오징어 반마리
- 새우 5~6마리
- 양파 1개
- 다진 마늘 1작은술
- 애호박 ⅕개
- 오이 약간
- 대파 약간
- 밥 2공기

소스

- 춘장 3큰술
- 식용유 2큰술
- 올리고당 1큰술
- 굴소스 ½큰술
- 물 1컵
- 전분물 2큰술

새우 밑간

- 맛술 1큰술
- 후춧가루 ½작은술

1

오징어는 먹기 좋은 크기로 자르고, 새우와 맛술, 후춧가루를 넣고 잠시 재워요.

2

양파는 먹기 좋은 크기로 썰고, 애호박은 채 썰어요.

3

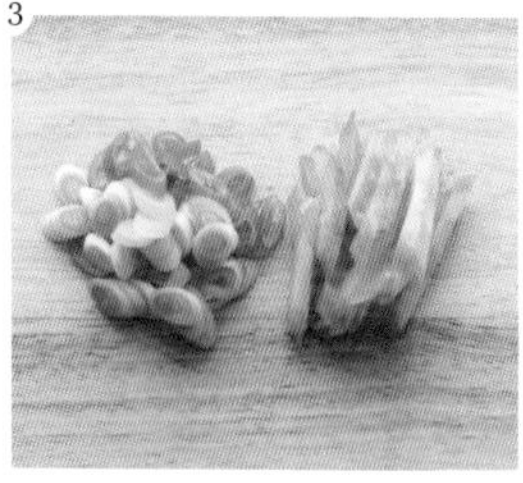

대파는 송송 썰고 오이는 채 썰어요.

4

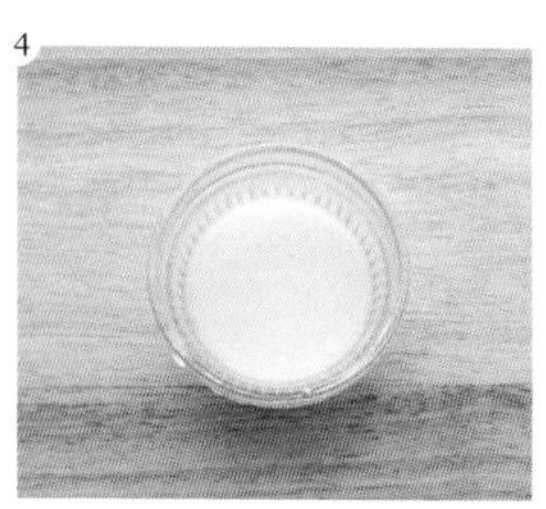

전분가루 2큰술에 물 2큰술을 섞어 전분물을 만들어요.

5

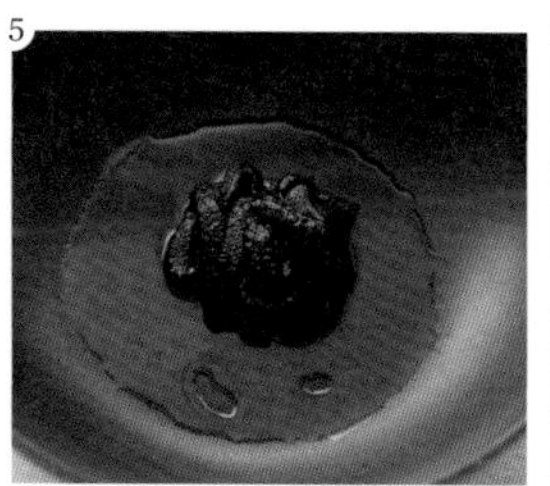

달군 팬에 식용유를 두르고 춘장을 넣어 달달 볶아요.

6

볶은 춘장에 설탕을 넣고 잘 섞어요.

7

달군 팬에 다진 마늘을 넣고 볶다가 양파와 대파, 애호박을 함께 볶아요.

8

밑간한 오징어와 새우를 넣어요.

9

볶은 춘장, 물 1컵, 굴소스를 넣고 보글보글 끓여요.

10

올리고당을 넣고 끓이다가 전분물을 넣고 걸쭉해지도록 끓인 뒤, 그릇에 밥과 짜장소스를 담아내면 완성.

전분가루는 녹말가루라고도 불리는데, 감자 전분, 고구마 전분, 옥수수 전분 등이 있어요. 그 중에서도 감자 전분이 가장 흔하게 사용되지요. 전분물은 전분가루와 찬물을 1:1 혹은 1:2 비율로 섞어 개어서 만듭니다.

깍두기 참치볶음밥

깍두기가 잘 익을 즈음이면, 친정엄마는 흔한 김치볶음밥 대신 참치를 넣어 고소하고 담백한 깍두기볶음밥을 해주셨어요. 만드는 방법도 무척 간단해 후다닥 만들 수 있어요.

Recipe

2인분

깍두기 1국자
참치 ½캔
밥 1공기
달걀 2개
쪽파 약간
김가루 약간
깍두기 국물 1국자
고춧가루 ⅓큰술
참기름 ½큰술
후춧가루 약간

동글이의 Tip

잘 익은 깍두기나 총각김치를 넣어야 무 특유의 알싸한 맛이 없어요. 또, 마지막에 참기름 대신 버터를 넣어도 좋아요.

1

깍두기는 먹기 좋은 크기로 자르고, 쪽파는 송송 썰어요.

2

참치는 미리 개봉해 물기를 빼요.

3

달군 팬에 깍두기와 김칫국물, 참치를 넣고 볶아요.

4

국물이 보글보글 끓으면 고춧가루와 파를 넣고 볶아요.

5

국물이 어느 정도 졸면, 밥을 볶다가 후춧가루를 조금 뿌리고 참기름과 김가루를 넣어 볶아요.

6

그릇에 담고, 미리 만들어둔 달걀프라이를 얹고 여분의 김가루를 뿌려주면 완성.

다양한 달걀 조리법

동서양을 불문하고, 가장 흔히 사용하는 식재료가 바로 달걀. 익히는 정도와 방법에 따라 이름이 달라요. 알고 먹으면 더 재미있는 달걀, 그 조리법에 대해 알아볼게요.

써니사이드업(sunny side up)

달걀 한쪽 부분만 익힌 것으로 노른자가 덜 익어 색이 선명해요. 달군 팬에 식용유를 두르고, 약한 불에서 천천히 조리해야 가장자리가 타지 않고,모양이 예뻐요. 볶음밥이나 오픈 샌드위치에 올리면 먹음직해요.

오버이지(over easy)

써니사이드업에서 다른 한쪽까지 살짝 익힌 것으로 노른자가 반숙 상태인 것을 말해요.

오버하드(over hard)

달걀의 흰자와 노른자가 모두 완전히 익은 상태로, 중간 불에서 조리해요. 타지 않게 주의하면서 양쪽 면을 완전히 익혀요.

오믈렛(omelet)

달걀을 풀어 소금과 후춧가루로 간을 해 프라이팬에 부은 뒤 익기 전에 저어주고, 촉촉한 상태에서 둥글게 말거나 반으로 접어요. 속이 덜 익어야 부드럽고 맛있어요. 기호에 따라 다진 채소나 에멘탈, 모차렐라 치즈 등을 넣기도 합니다.

스크램블드에그(scrambled eggs)

달걀에 우유와 소금, 후춧가루로 간을 하고 잘 섞어서 팬에 버터를 두르고 익혀요. 젓가락이나 스패출라로 달걀의 익은 부분을 저어 가며 익혀요. 약간 덜 익혀야 먹는 내내 촉촉하답니다.

포치드에그(poached eggs)

작은 볼에 노른자가 터지지 않게 달걀을 준비하고, 냄비에 충분한 양의 물과 약간의 식초를 넣고 물이 끓으면 젓가락을 이용해 한 방향으로 여러 번 저어요. 그 다음 약한 불로 줄이고 달걀을 조심스레 넣어 3분간 익혀요. 달걀 흰자는 익되, 노른자는 익히지 않는 것이 포인트. 잉글리쉬 머핀을 반으로 잘라 햄이나 베이컨, 포치드에그를 올려 에그베네딕트로 활용하기도 해요.

Level 2

요리가 좋아!
부엌은 나의 놀이터

결혼 전에는 가끔 간단한 쿠키와 빵만 구울 줄 알았지, 밥 한번 반찬 한 가지 제대로 해본 적 없는
철부지 막내딸이었다. 중·고등학교 때는 공부한다는 핑계로, 대학교 때는 매일 친구들과
어울리느라 밤늦게 집에 들어왔고, 회사 다닐 때엔 피곤하다는 이유로 부엌과는 멀리 지냈다.
그랬던 내가, 요리가 이렇게 재미있고 부엌을 놀이터로 생각하게 될 줄은 상상도 못 했다.
무엇이든 직접 해봐야 직성이 풀리는 성격 탓에 서툴면 서툰 대로 김치와 장아찌 같은 저장 음식부터
남편의 도시락과 술안주, 간식까지 섭렵하게 되었다. 단순히 요리에 대한 관심만으로
첫걸음을 내디딘 내가 조금씩 정성을 쏟다 보니 어느새 맛을 내고 있는 것이 아닌가.
어렵다고 생각했던 요리가, 힘들다고 느꼈던 주방에서의 시간이, 이제는 행복하고 기다려지기까지 한다.
맛있는 음식은 먹는 사람에게도 즐거움을 주지만, 만드는 사람에게도 큰 즐거움을 느끼게 한다.
특히 내가 만든 음식을 누군가 맛있게 먹어줄 때의 흐뭇함이란!
단언컨대, 요리는 자꾸 하다 보면 없는 솜씨도 생기는 법이다.

오래 두고 먹는 저장 음식, 김치와 장아찌

어릴 적, 김장하는 날이면 온 가족이 큰집에 모여 함께 배추를 절여 양념에 비비고,
돼지고기 수육을 썰어 겉절이에 돌돌 말아 서로 먹여주곤 했다.
그리고는 양손 가득 김치통을 들고 집으로 왔다.
요즘은 백화점이나 마트에서 언제든지 다양한 김치를 만날 수 있다.
그래서인지 김치를 사먹는 집이 늘고 있지만,
어디 내 손으로 직접 담근 김치의 특별한 맛에 비할 수 있을까. 남편은 유학 중일 때조차
어머니가 손수 담가 보내주신 김치를 찾을 정도로 직접 담은 김치를 좋아했다.
이런 남편을 위해 나는 큰마음을 먹었다.
손이 많이 가고 번거롭기는 해도 한번 만들어두면 식탁을 더욱 건강하고
풍성하게 만들어 주는 김치와 든든한 밑반찬이 될 장아찌를
이젠 내 손으로 직접 담근다.

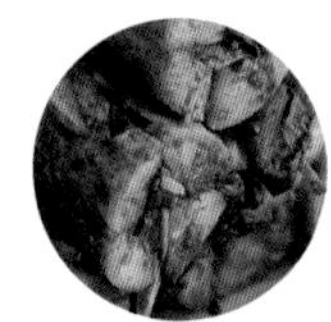

오이소박이

얼갈이겉절이

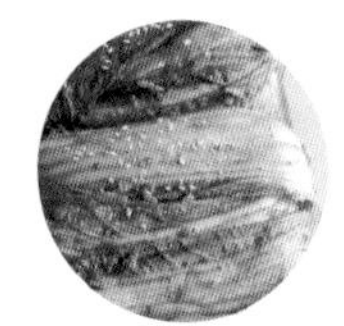

배추김치

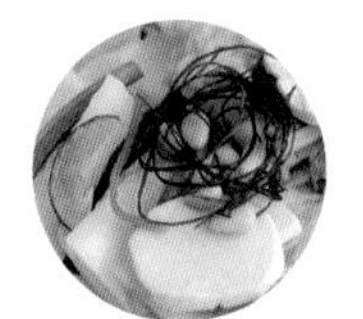

백김치

깍두기

마늘장아찌

깻잎장아찌

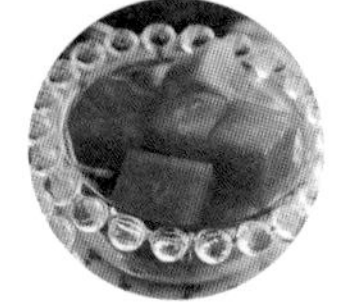

치킨무

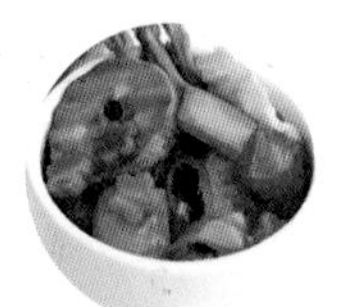

모둠채소피클

오이소박이

아삭한 식감의 오이소박이. 여름에는 물론 겨울에도 맛있어요.
군고구마나 찐 감자 먹을 때 곁들이면 더 좋아요.

Recipe

오이 6개
부추 한 줌
양파 ½개
굵은 소금 2큰술

양념

- 고춧가루 4큰술
- 액젓 3큰술
- 새우젓 ½큰술
- 다진 마늘 2큰술
- 다진 생강 1큰술
- 설탕 1큰술

오이는 칼로리가 낮고, 몸속 노폐물이나 중금속을 배출하는데 효과적이에요. 또 껍질에 비타민과 무기질이 풍부해서 되도록 껍질째 조리해야 영양 손실을 줄일 수 있어요. 굵은 소금으로 문질러 오돌토돌한 가시만 없애고 먹는 게 좋아요.

1

오이는 껍질째 먹어야 하므로, 굵은 소금 1큰술로 문질러서 닦은 후, 찬물에 헹궈요.

2

오이의 양 끝을 제거하고, 4등분으로 잘라요.

3

한쪽 면에만 십자 모양의 칼집을 깊숙이 내요.

4

물에 굵은 소금 1큰술을 넣고 팔팔 끓인 다음, 오이가 푹 잠기도록 붓고 30분 정도 절여요.

5

부추는 2~3cm 길이로 자르고, 양파는 같은 길이로 채 썰어요.

6

분량의 양념장 재료를 모두 섞은 다음, 부추와 양파를 넣어 골고루 버무려요.

7

오이 절인 소금물은 버리고, 버무려 놓은 속 재료를 오이 사이사이 꼼꼼히 넣어요. 저장용기에 차곡차곡 담으면 완성.

얼갈이겉절이

얼갈이는 일반 배추보다 부드럽고 달큼해서 겉절이로 만들기 좋아요! 특히 배추김치보다 담기 쉽고 간단한 편이라 초보 주부도 실패할 확률이 낮으니 겁먹지 말고 도전해 보세요.

Recipe

얼갈이 1단
쪽파 5대
대파 1대
당근 약간
양파 ½개
천일염 3큰술

양념

- 고춧가루 4큰술
- 황태 육수 100mL
- 찹쌀풀 50mL(물 50mL, 찹쌀가루 1큰술)
- 다진 마늘 2큰술
- 다진 생강 ½큰술
- 설탕 1큰술
- 새우젓 2큰술
- 멸치액젓 2큰술
- 소금 1작은술
- 통깨 약간
- 참기름 약간

1

얼갈이는 깨끗이 씻어 뿌리 부분과 떡잎을 정리한 다음, 4~5cm 길이로 자르고 물 1L에 천일염 3큰술을 풀어 1시간 정도 절여요.

2

쪽파는 4~5cm 길이로 자르고, 양파와 당근, 대파는 채 썰어요.

3

찹쌀풀에 고춧가루, 새우젓, 황태 육수를 넣어 고춧가루를 살짝 불린 뒤, 나머지 양념 재료와 손질해 둔 쪽파, 당근, 대파, 양파를 넣고 잘 섞어요.

4

절여진 얼갈이는 흐르는 물에 두세 번 씻은 다음 체에 건져 물기를 뺀 후, 큰 볼에 담아요. 만들어둔 양념소를 넣고 골고루 버무린 뒤, 마지막에 참기름 몇 방울을 넣으면 완성.

겉절이는 약간 싱거우면서 단맛이 살짝 돌아야 맛있어요. 양념을 섞으면서 간을 보고 설탕이나 매실청을 조금씩 추가해도 좋아요. 또 양념소를 얼갈이에 버무릴 때 너무 주무르면 풋내가 나서 맛이 없으니 양념을 넣어 살짝만 버무리는 게 좋습니다.

저도 결혼 후 한동안은 친정과 시댁에서 김치를 얻어 오곤 했어요.
그런데 한번 큰마음 먹고 직접 담가보니 그 뿌듯함은 이루 말할 수 없었어요.
1년이 든든해지는 시원하고 맛있는 김치! 이젠 직접 담가보세요.

Recipe

배추 8포기
굵은 소금 5컵
무 2개
쪽파 1단
갓 1단
미나리 1단
양파 1개

양념
- 고춧가루 4컵
- 다진 마늘 2컵
- 양파 1개
- 다진 생강 ⅓컵
- 새우젓 1컵
- 멸치 액젓 1컵
- 생새우 2컵
- 설탕 ½컵
- 찹쌀풀(물 1.2L+찹쌀가루 500g)
- 통깨

1

배추는 지저분한 겉잎을 떼고, 밑 통 부분에 칼집을 내 손으로 벌려 반으로 쪼개요.

2

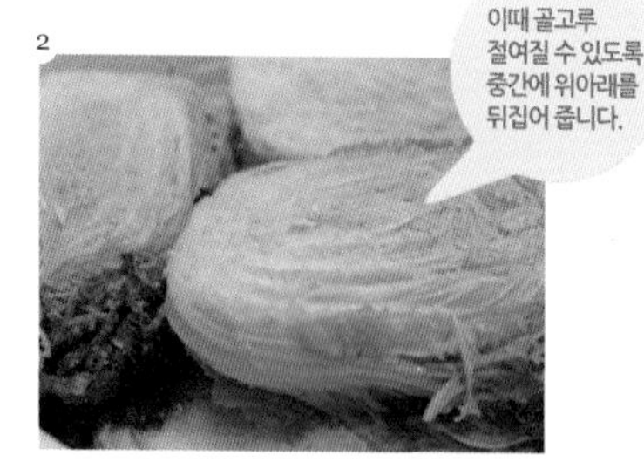

큰 그릇에 물을 붓고 굵은 소금 1컵을 풀어 녹여요. 배추를 소금물에 담근 뒤 배춧잎 사이사이에 나머지 굵은 소금을 골고루 뿌려 8시간 동안 충분히 절여요.

3

물 1.2L에 찹쌀가루 500g을 넣고 되직하게 끓여 찹쌀풀을 만들어요.

4

갓, 쪽파, 미나리는 3~4cm 길이로 썰고, 무는 채 썰어요. 양파 1개는 채 썰고, 1개는 갈아서 양념 재료로 준비해요.

5

줄기가 부드럽게 휘어질 정도로 절여진 배추를 물에 여러 번 헹군 뒤 채반에 엎어 물기를 빼요.

6

고춧가루에 한 김 식은 찹쌀풀과 생새우, 액젓, 다진 마늘, 설탕, 다진 생강을 넣고 불려요.

7

불린 고춧가루에 무채, 갓, 쪽파, 미나리, 양파, 통깨를 넣고 살살 버무려요.

8

한 손으로 배춧잎을 모아 잡고, 한 장씩 내려 놓으며 양념을 골고루 발라요. 가장 바깥쪽 배춧잎으로 배추 전체를 감싸 김치 용기에 넣어 그늘진 곳에서 2주간 익힌 뒤 냉장고에 보관해요.

겨울에 담그는 배추김치는 장기간 두고 먹는 것이므로 시원하고 깊은 단맛이 우러나야 해요. 생새우와 새우젓, 멸치액젓을 혼합해서 양념을 만들면 오래 두어도 시원하고 군내가 나지 않아요.

백김치

아삭하고 시원해서 더 맛있는 백김치에요.
맵지 않아 샐러드처럼 먹어도 좋고, 비타민이 풍부해
겨울철 감기 예방에도 좋아요.

Recipe

배추 6포기
굵은 소금 4컵
무 ½개
갓 한 줌
쪽파 한 줌
밤 10개
당근 ⅓개
대추 10개
잣 한 줌

양념
배 1개
양파 1개
다진 마늘 5큰술
다진 생강 1큰술
새우젓 2큰술
찹쌀풀 3큰술
매실청 100mL
다시마 우린물 1L

절임물은 물과 소금의 비율이 약 10:1 이고, 굵은 소금은 배추 1포기당 ½컵을 뿌려요.

1
배추는 겉잎을 3~4장 떼고, 반으로 갈라 미리 풀어놓은 소금물에 푹 담근 뒤, 배춧잎 사이사이 굵은 소금을 뿌려요.

2

배추가 잘 절여지면, 2~3차례 헹구고, 체에 밭쳐 물기를 빼요.

3

무와 당근은 채 썰고, 갓과 쪽파는 4~5cm 길이로 잘라요. 밤은 슬라이스하고, 대추는 씨를 빼고 돌려 깎은 뒤 채 썰어요.

4

냄비에 물 1L를 붓고, 다시마 3~4장을 넣어 보글보글 끓인 뒤 식혀둡니다.

5
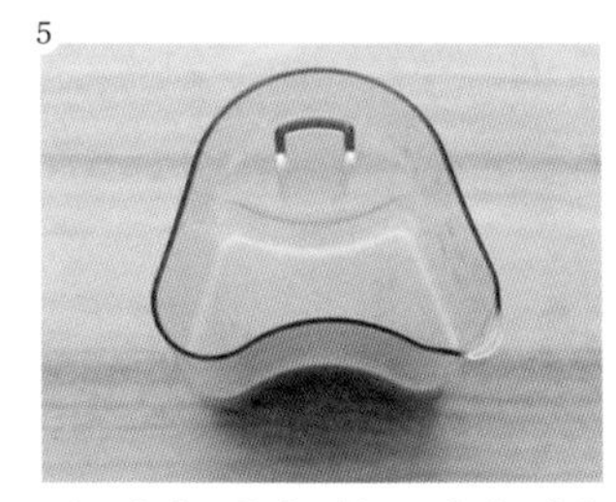
배, 양파, 다진 마늘, 다진 생강을 갈아, 면보를 이용해 맑게 걸러요.

6

손질해둔 채소에 찹쌀풀과 매실청, 새우젓, 갈아둔 즙을 넣고 버무려요.

7

배춧잎 사이사이에 버무린 채소를 켜켜이 넣어요.

8

저장용기에 차곡차곡 담고, 남은 양념물과 다시마 우린물을 부으면 완성.

김치를 담글 때 찹쌀풀을 넣는 이유는 찹쌀풀 덕분에 배추나 무, 얼갈이에 양념이 잘 붙어서 간이 잘 배고 맛도 훨씬 좋아지기 때문이에요. 물과 찹쌀가루의 비율은 약 1: 0.4 정도가 적당해요.

깍두기

결혼 후 처음으로 만든 깍두기를 양가 어머니께 선보였어요.
지금 생각해보면 참 서툰 솜씨였지만 맛있다는 칭찬에 어깨가 으쓱했었답니다.

Recipe

무 2개
굵은 소금 2큰술
쪽파 ¼단
양파 1개

양념
- 고춧가루 1컵
- 멸치액젓 2큰술
- 새우젓 2큰술
- 다진 마늘 2큰술
- 다진 생강 1큰술
- 설탕 1큰술
- 찹쌀풀(물 1컵
- 찹쌀가루 ¼컵)

깍두기의 맛을 더 좋게하기 위해 굴을 넣기도 하는데, 해물을 넣을 경우는 오래 익히면 군내가 나므로 15~20일 정도 먹을 분량만 담그는 것이 좋아요.

1

다른 김치와 달리 깍두기는 절인 뒤 헹구지 않아도 돼요.

무는 깨끗이 씻어 사방 2cm 크기로 깍둑 썰고, 굵은 소금을 골고루 뿌려 1시간 가량 절인 다음, 채반에 밭쳐 물기를 빼요.

2

그 사이, 냄비에 물과 찹쌀가루를 넣고 되직하게 끓인 다음 식혀요.

3

쪽파는 4cm 길이로 썰고, 양파는 채 썰어요.

4

큰 볼에 절인 무를 담고 분량의 고춧가루를 반만 넣어 고루 버무려 색을 내요.

5

한 김 식은 찹쌀풀에 양념 재료와 나머지 고춧가루를 모두 넣고 잘 섞어요.

6

무에 고춧가루 색이 곱게 들면 양파와 쪽파, 양념을 넣고 잘 버무려요.

7

부족한 간은 소금으로 맞추고, 김치 통에 담아 열흘 정도 익히면 완성.

마늘장아찌

장아찌란 간장이나 된장, 고추장, 식초 등에 담가 오래 두고 먹을 수 있게 만든 반찬이에요. 마늘장아찌는 푹 절여야 매운맛이 사라지고 깊은 맛이 나지요. 하루 6쪽씩 챙겨 먹으면 천연 강장제가 된답니다.

Recipe

깐 마늘 500g
진간장 2컵
물 2컵
설탕 1컵
식초 1컵

마늘 외에 청양고추를 함께 넣어도 좋아요. 진한 간장 향이 싫다면 간장을 반으로 줄이는 대신 간장의 양만큼 소금을 물에 녹여 넣어도 좋답니다.

1

마늘은 끝부분을 잘라내고 껍질을 깐 다음, 깨끗하게 씻어 물기를 빼요.

2

냄비에 간장, 물, 설탕, 식초를 넣고 끓여요.

3

장아찌 용기는 미리 열소독 해요.

4

미리 소독한 용기에 마늘을 담아요.

5

끓인 간장물을 부으면 완성.

깻잎장아찌

가끔 입안이 깔깔한 날, 밥에 물을 말아 깻잎장아찌 한 장 올려 먹으면 금세 입맛이 돌아오죠.
은은한 깻잎 향과 짭조름한 간장이 잘 어우러져 든든한 밑반찬이 돼요.

Recipe

깻잎 70~80장
마늘 8~10쪽

양념
- 간장 1컵
- 식초 40mL
- 물 1컵
- 설탕 2큰술

마늘이나 양파처럼 단단한 재료로 장아찌를 담글 때엔 간장물이 뜨거울 때 넣어 주고, 깻잎이나 곰취처럼 부드러운 재료일 경우는 쉽게 물러질 수 있으므로 간장물을 식혀서 넣어 줍니다.

1

깻잎은 깨끗이 씻은 후 볼에 물을 넉넉히 붓고, 식초나 레몬즙을 몇 방울 떨어뜨려 잠시 담가 두어요.

2

마늘은 얇게 편 썰어요.

3

냄비에 물, 간장, 식초, 설탕을 넣고 잘 섞은 다음, 편 썰어둔 마늘을 넣고 보글보글 끓인 뒤, 충분히 식혀요.

4

깻잎의 물기를 제거하고, 저장 용기에 켜켜이 담아요.

5

중간중간 마늘을 넣은 뒤 충분히 식힌 간장물을 부으면 완성.

치킨무

저는 종종 치킨을 주문할 때, "무 많이요!"를 외치곤 해요.
배달 치킨에는 무가 적어 아쉬웠던 경험 다들 있으시죠?
이젠 집에서 만들어 첨가물 걱정 없이 맛있고 넉넉하게 즐겨보세요.

Recipe

무 1개
비트 약간

무 절이는 물
- 물 5컵
- 식초 10큰술

식초물
- 식초 10큰술
- 설탕 10큰술
- 소금 1작은술
- 사이다 100mL

식초물이 적다 싶어도 하루 정도 지나면 무에서 물이 나오니 걱정할 필요 없어요. 만든 후 반나절 정도 상온에 두었다가 냉장고에 넣어 보관하세요.

1

무는 필러로 껍질을 벗기고 가로, 세로, 두께 1.5cm 크기로 깍둑 썰어요.

2

커다란 볼에 물 5컵과 식초 10큰술을 넣고 잘 섞은 뒤 무를 넣고 30분 이상 절여요.

3

그 사이, 유리병은 열소독하고 물기가 없도록 건조시켜요.

4

다 절여진 무는 채반에 밭쳐 물기를 빼요. 이때, 무 절인 물은 버립니다.

5

다시 볼에 식초 10큰술, 설탕 10큰술, 소금 1작은술, 사이다 100mL를 넣고 잘 섞어요.

6

열소독한 용기에 무를 차곡차곡 담고 한쪽엔 깍둑 썬 비트도 몇 조각 넣은 후, 식초물을 부으면 완성.

모둠채소피클

새콤달콤 아삭해서 입맛을 확 사로잡는 피클. 저는 오이뿐 아니라
아스파라거스와 파프리카, 양배추, 당근 등 갖은 채소를 넣어 모둠채소피클을
만들어요. 게다가 비트를 넣으면 빛깔도 예뻐 입과 눈이 즐거워지죠!
집에 오는 손님에게 한 병씩 선물하면 인기 만점이에요.

Recipe

오이 4개
파프리카 색깔 별로 1개씩
양배추 약간
고추 3~4개
비트 ¼개
아스파라거스 5~6대
당근 ⅓개

식초물
- 물 4컵
- 매실식초 1컵
- 일반식초 ½컵
- 설탕 ½컵
- 소금 2큰술
- 통후추 20알
- 월계수잎 2장

●피클을 담글 때, 비트를 몇 조각 넣으면 색이 곱게 물들어 먹을 때마다 기분이 좋아요. 그렇지만 과유불급! 비트는 몇 조각이면 충분하답니다. 또 비트 대신 적양배추를 이용해도 좋아요.

●아삭한 채소 피클을 먹고 싶다면 피클이 완성되기 전까지 뚜껑을 열지 말아야 해요.
뚜껑을 자주 열어 공기와 접촉하는 시간이 많아지면 간이 잘 배지 않고 아삭한 맛도 떨어져요. 냉장고에서 최소 2일은 그대로 숙성시켜야 좋아요.

1

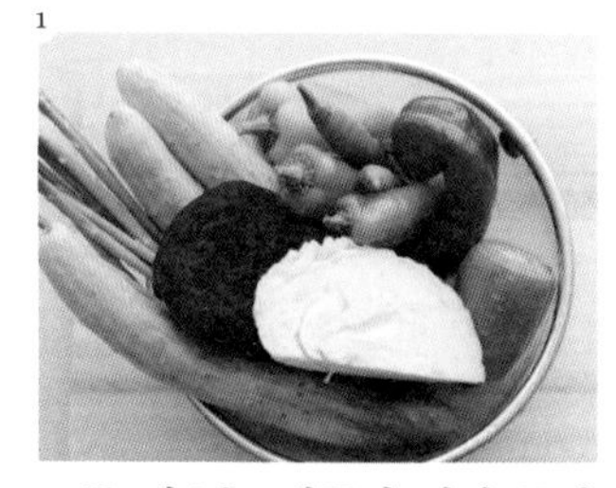

모든 채소는 깨끗이 씻어 물기를 제거해요.

2

오이는 0.5cm 두께로 일정하게 썰고, 파프리카는 알맞은 크기로 썰어요.

3

양배추도 먹기 좋은 크기로 큼직하게 썰고, 아스파라거스는 4cm 길이로, 고추는 송송 썰어요.

4

비트와 당근은 껍질을 벗기고 2~3mm 두께로 썬 다음, 쿠키커터로 모양을 내요.

5

피클링 스파이스가 있다면 조금 넣어도 좋아요.

식초물 재료를 모두 넣고 끓이다가 부글부글하면 불을 끄고 완전히 식혀요.

6

미리 열소독 해둔 유리병에 채소를 차곡차곡 담은 후, 완전히 식은 식초물을 부으면 완성.

남편 기 살려주는
애정 듬뿍 도시락

큰 키에 날렵하고 다부진 몸매를 가졌던 남편은 나를 만나고부터 몸무게가 늘기 시작했다.
"남자답게 잘 먹는다"는 한마디에 연애 시절엔 내가 남긴 음식마저 깨끗이 비우더니,
결혼 후엔 내가 요리 실력을 쌓아보겠다며 하루에도 몇 가지씩 만들었던 음식을 먹어주느라
뱃살이 늘었다. 미안한 마음에 다이어트 식단을 짜고 간편한 도시락을 준비하기 시작했는데,
이게 바로 남편 도시락을 자주 챙겨주는 계기가 되었다. 땀이 뻘뻘, 숨이 턱턱 막히는 여름날이나
손발이 시릴 정도로 매서운 바람이 몰아치는 한겨울, 포근한 이불 속으로 파고들고 싶은 스산한
날씨에도 어김없이 출근하는 남편을 위해 오늘도 나는 도시락을 준비한다.
도시락에는 한 끼 식사와 함께 사랑을 고스란히 담을 것.

매운 참치달걀말이

완두콩콜드파스타

닭가슴살또띠아롤

삼각주먹밥

하와이안무수비

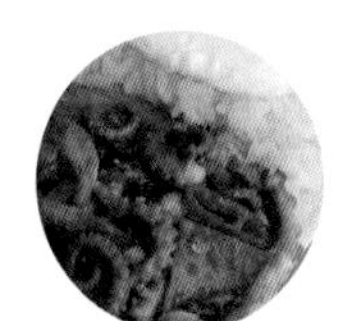

낙지덮밥

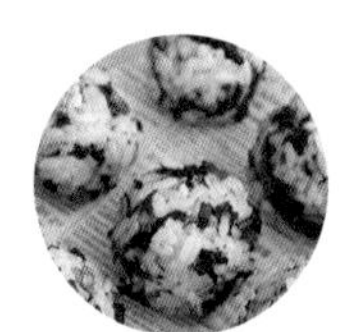

취나물견과류주먹밥

롤샌드위치

매운 참치 달걀말이

어릴 적, 점심시간이 되면 잔뜩 기대하고 도시락을 열었던 경험이
다들 있을 텐데요. 남편도 가끔은 그렇겠죠?
제가 챙겨준 도시락을 먹고 힘찬 하루가 되기를 바라봅니다.

Recipe

달걀 3개
참치 1캔
고추장 1큰술
올리고당 1작은술
참기름 1작은술
다진 마늘 1작은술
소금 약간
후춧가루 약간
식용유 약간

달걀말이는 프라이팬에서 여러 겹으로 도톰하게 만든 다음, 김말이를 이용해서 모양을 잡은 뒤 한 김 식혀서 썰면 모양이 흐트러지지 않고 예쁘게 유지된답니다.

1

참치 캔은 미리 개봉해서 체에 밭쳐 기름을 제거한 뒤, 볼에 참치와 고추장, 참기름, 다진 마늘, 올리고당을 넣고 잘 섞어요.

2

다른 볼에 달걀을 풀고 소금과 후춧가루를 뿌린 다음, 잘 섞어 줍니다.

3

달군 팬에 식용유를 두르고, 달걀을 한 국자 부어 얇게 펴 주세요.

4

달걀이 어느 정도 익으면, 매운 참치를 가지런히 올려요.

5

끝 부분부터 돌돌 말아요.

6

달걀을 더 부어 가며, 익으면 다시 돌돌 말아주기를 반복하다가 마지막엔 모양을 잡기 위해 잔열로 4면을 한 번씩 익혀요. 적당한 두께로 썰어주면 완성.

완두콩 콜드파스타

파스타를 꼭 따뜻하게 먹어야 한다는 건 고정관념 아닐까요? 차갑게 식혀 먹어도 맛있는 콜드 파스타. 상큼한 맛까지 더해져 색다른 도시락 메뉴로 좋고 야외에서 간편하게 즐길 수 있어 피크닉용으로도 좋아요.

- 푸실리 100g
- 완두콩 한 줌
- 방울토마토 5~6개
- 칵테일 새우 6~7마리
- 레몬즙 약간
- 미니 파프리카 1개
- 양파 ⅓개
- 블랙올리브 약간
- 올리브유 2큰술
- 발사믹 식초 1큰술
- 소금 약간
- 후춧가루 약간

콜드파스타는 만든 후에 냉장실에 1~2시간 넣었다가 차게 해서 먹으면 더욱 맛있어요. 요즘엔 테이크아웃용 런치박스를 쉽게 구할 수 있는데요. 완두콩 콜드파스타는 알록달록 색감이 예뻐 투명한 런치 박스에 담으면 더욱 먹음직스러워 보인답니다.

1

새우는 레몬즙을 떨어뜨린 물에 담가 해동하고, 완두콩은 끓는 물에 소금을 약간 넣고 3~4분간 삶은 뒤 체에 밭쳐 물을 빼요.

2

끓는 물에 소금을 넣고 삼색 푸실리를 넣어 10~12분간 삶은 뒤 찬물에 헹구고 체에 밭쳐 물기를 제거해요.

3

양파와 파프리카는 잘게 다지듯 잘라주고, 토마토와 블랙올리브도 먹기 좋게 잘라요.

4

달군 팬에 올리브유 1큰술을 두르고, 양파와 새우를 볶다가 후춧가루를 솔솔 뿌려요.

5

볼에 준비한 모든 재료를 넣고, 올리브유 1큰술과 발사믹 식초를 넣어 버무려요. 간이 부족하면 소금으로 맞춰요.

닭가슴살 또띠아롤

신선한 채소와 담백한 닭가슴살을 또띠아에 올려 돌돌 말았어요.
가끔은 매일 먹는 밥 대신 또띠아롤이 좋아요. 남편에게는 이색 도시락을,
저는 반찬 고민에서 잠시 해방될 수 있어요!

Recipe

2인분

또띠아 8인치 6장
훈제 닭가슴살 캔 2개
깻잎 20장
노란 파프리카 ½개
주황 파프리카 ½개
적양파 ½개
마요네즈 ¼컵
칠리소스 약간

● 적양파는 일반 양파보다 매운 맛이 적어 샐러드를 만들 때 많이 이용해요. 외피가 단단하고 적색이 진하며, 상처가 없는 것, 윗면과 뿌리 부분을 눌렀을 때 단단한 게 좋아요.

● 종이 호일이나 유산지를 깔고 또띠아와 재료들을 올려 돌돌 말면 모양을 고정하기 쉽고, 하나씩 들고 먹기에도 편해요.

1

훈제 닭가슴살 캔은 미리 개봉해서 기름기와 수분을 제거해요.

2

깻잎은 깨끗이 씻어 꼭지를 따고, 파프리카와 적양파는 채 썰어요.

3

유산지를 깔고, 그 위에 살짝 데운 또띠아를 올린 다음 마요네즈를 골고루 발라요.

4

깻잎 3~4장을 깔고, 닭가슴살을 듬뿍 올려요.

5

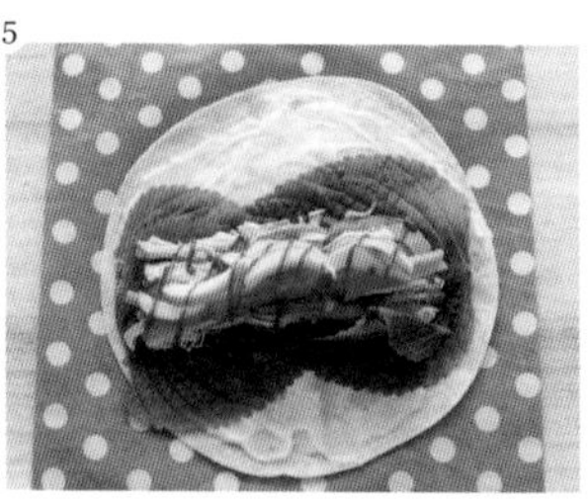

그 위에 적양파와 파프리카를 올리고, 칠리소스를 취향대로 뿌려요.

6

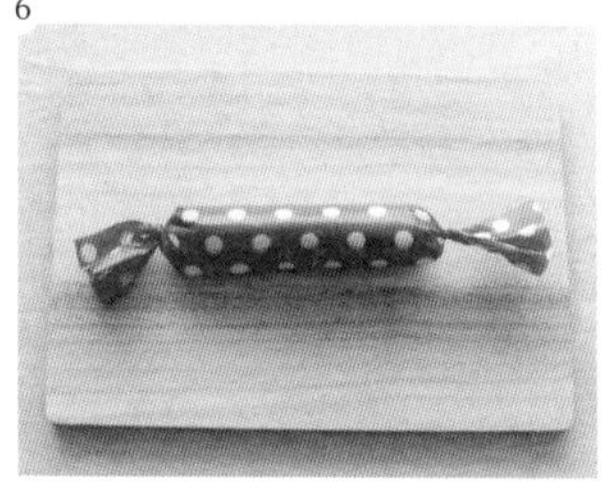

돌돌 말아준 뒤 사선으로 반을 자르면 완성.

삼각주먹밥

고소한 마요네즈 참치와 매콤한 고추장 참치를 넣은 삼각김밥이에요.
속이 꽉 차서 하나만 먹어도 든든해요. 편의점표 삼각김밥과는 비교 불가!

Recipe

- 밥 2공기
- 참기름 1큰술
- 소금 1작은술
- 통깨 약간
- 검은깨 약간
- 멸치견과류볶음 약간
- 김밥용 마른 김 2장

마요 참치

- 참치 125g
- 다진 양파 2큰술
- 마요네즈 2큰술
- 올리고당 1작은술
- 후춧가루 약간
- 소금 ½작은술

매운 참치

- 참치 125g
- 고추장 1큰술
- 올리고당 1큰술
- 다진 김치 1큰술
- 참기름 1작은술
- 마늘 1작은술
- 통깨 약간

밥이 어느 정도 식고 난 뒤 김을 둘러야 눅눅해지지 않아요.

1

참치캔은 미리 기름을 뺀 뒤, 각각의 믹싱 볼에 분량의 양념을 넣고 버무려요.

2

멸치견과류볶음 만드는 방법은 88페이지를 참고하세요.

밥 2공기에 참기름과 통깨, 검은깨, 다진 멸치견과류볶음, 소금을 넣고 잘 섞어요.

3

삼각형 모양 틀에 양념된 밥을 넣고 꾹꾹 누른 후, 참치 소를 얹어요.

4

그 위에 다시 양념된 밥을 넣고 모양을 잡아요.

5

매운 참치 소도 마찬가지로 만들어요.

6

마른 김을 4등분해서 삼각 김밥에 돌려주면 완성.

하와이안 무수비

매일 같은 재료에 비슷한 반찬이 질린다면, 조금은 색다르게 하와이안무스비를 만들어보세요. 재료야 특별할 게 없지만, 네모난 김밥에는 보는 재미, 먹는 재미가 있어요.

Recipe

2인분

밥 2공기
참기름 1큰술
소금 ¼큰술
달걀 2개
깻잎 10장
스팸 100g
김밥용 김 2장
식용유 약간

무수비는 제2차 세계대전 중, 하와이에서 조업이 금지되었을 때 생선 대신 스팸으로 초밥을 만들어 먹었던 것에서 유래했어요. 네모난 플라스틱 용기로 된 무수비 틀도 있지만, 스팸 용기에 랩을 깔고 밥과 재료를 눌러 담아 모양을 만들어도 돼요.

1

볼에 밥 2공기와 참기름, 소금을 넣고 잘 섞어 밑간을 해요.

2

달걀은 지단을 만들듯이 넓게 노릇노릇 부쳐줍니다.

3

햄도 앞뒤로 노릇하게 구워요.

4

달걀은 햄 크기로 자르고, 깻잎은 2등분해요.

5

햄이 들어있던 캔에 일회용 비닐 봉지를 깔고, 양념한 밥을 넣고 티스푼으로 꼼꼼히 눌러요.

6

그 위에 차례로 햄과 달걀, 깻잎을 올려줍니다.

7

다시 밥을 올려 꼼꼼히 눌러요.

8

비닐 양끝을 잡고 위로 쏙 올려서 빼줍니다.

9

2등분한 김밥용 김으로 돌돌 말아 먹기 좋게 자르면 완성.

낙지덮밥

매운 음식을 좋아하는 남편. 가끔 매콤한 도시락 반찬을 주문할 때가 있어요.
그럴 땐 청양고추 팍팍 넣은 낙지덮밥을 준비합니다.

Recipe

2인분

낙지 2마리
청양고추 1개
홍고추 1개
양파 1/2개
당근 약간
대파 1대
밀가루 2큰술
밥 2공기

양념

고추장 1큰술
고춧가루 1큰술
진간장 1큰술
올리고당 1작은술
참기름 1큰술
다진 마늘 1작은술
후춧가루 약간

동글이의 Tip

낙지는 재빨리 볶아도 물기가 생기기 마련인데, 이때 생기는 물기가 싫다면, 물과 전분을 1:1로 섞은 전분물을 1큰술 넣어주세요.

1

낙지는 밀가루 2큰술을 넣고 조물조물 문지른 뒤 흐르는 물에 2번 깨끗하게 씻어요.

2

양파는 채 썰고 청양고추와 홍고추, 대파는 어슷 썰어 준비해요. 당근도 먹기 좋은 크기로 얇고 작게 잘라요.

3

낙지는 끓는 물에 가볍게 데친 후 먹기 좋은 크기로 잘라요.

4

낙지에 양념장 재료와 채소를 모두 넣고 잘 섞은 뒤 재워요.

5

달군 팬에 낙지를 올려 중불에서 빠르게 볶은 뒤, 밥과 함께 달걀프라이를 얹어주면 완성.

thinking of
you . . .

취나물견과류 주먹밥

따사로운 햇살과 살랑살랑 바람이 부는 날엔 어디로든 나가고 싶죠? 향긋한 취나물과 고소한 견과류로 똘똘 뭉친 주먹밥이면 일터에서도 점심시간만큼은 나들이 기분을 만끽할 수 있어요.

Recipe

2인분

현미쌀밥 2공기
건 취나물 50g
들기름 1큰술
소금 ½작은술
통깨 약간
다진 호두 약간
호박씨 약간
아몬드 슬라이스 약간
검은깨 약간

취나물은 당분과 단백질을 비롯, 칼슘, 철분, 인뿐 아니라 각종 미네랄이 풍부해요. 특히 봄철에 나오는 참취는 맛과 향이 뛰어나요.

1

물에 충분히 불린 취나물은 끓는 물에 푹 삶은 뒤, 찬물에 헹궈 체에 밭쳐요.

2

달군 팬에 들기름을 두르고 소금과 통깨를 넣고 볶아요.

3

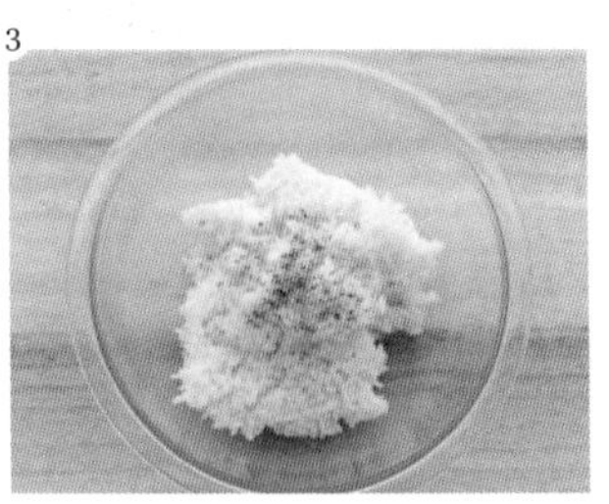

밥 2공기에 소금과 통깨로 밑간을 해요.

4

양념한 밥에 잘게 다진 견과류와 취나물 볶음을 넣고 잘 섞어요.

5

한 입 크기로 동글동글 빚어주면 완성.

롤샌드위치

신선한 재료들을 식빵에 돌돌 말아 만든 롤샌드위치.
월말에는 점심 먹을 시간도 없을 정도로 바쁜 남편을 위해 간편하게
먹을 수 있는 샌드위치를 준비해요. 보온병엔 향긋한 커피도 담아서요.

Recipe

2인분

식빵 10장
오이 ½개
스팸 100g
맛살 3개
슬라이스 치즈 10장
노란 파프리카 ½개
빨간 파프리카 ½개
양상추 약간

드레싱

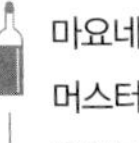

마요네즈 3큰술
머스터드 1큰술
올리고당 1큰술
후춧가루 약간
파슬리가루 약간

1

파프리카와 오이, 맛살, 스팸, 양상추는 5~6cm 길이로 채 썰어요.

2

스팸은 달군 팬에 구워요.

3

믹싱 볼에 드레싱 재료를 모두 넣고 잘 섞어요.

4

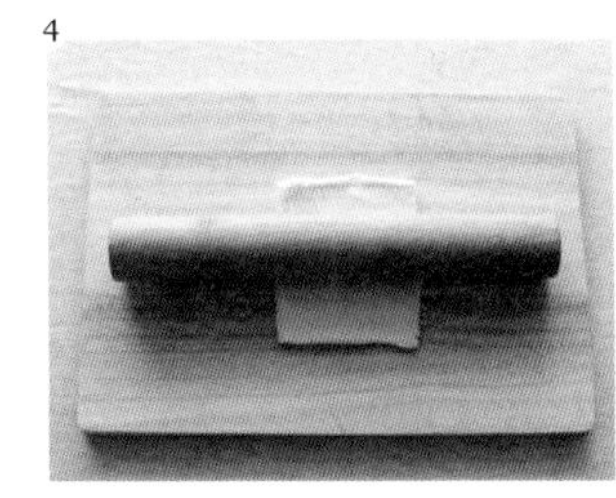

식빵은 테두리를 잘라내고, 밀대로 얇게 펴줍니다.

5

식빵에 드레싱을 발라요.

6

그 위에 슬라이스 치즈를 올리고, 준비해둔 채소와 스팸, 맛살을 올려요.

7

꼼꼼하게 말아준 뒤, 슬라이스 치즈 비닐로 돌돌 말아서 고정하고, 2등분 하면 완성.

머스터드는 디종 머스터드와 홀그레인 머스터드, 잉글리쉬 머스터드를 많이 사용하는데요.
디종 머스터드는 프랑스 디종 지방에서 생산하는 머스터드로 맵지만 끝 맛이 부드러운 게 특징이에요.
홀그레인 머스터드는 머스터드 씨가 그대로 들어있어 알갱이가 살아 있어요.
잉글리쉬 머스터드는 머스터드 중 가장 매운맛을 내는데, 쓴맛이 아닌 톡 쏘는 매운맛이 강하죠.

남편의 칼퇴근을 보장하는 인기만점 술안주

맛있는 안주와 한 잔의 술만 있으면 하루 동안 쌓인 스트레스가 싹 풀린다는 남편.
일을 마친 후 집에 돌아와 모든 긴장을 풀고,
맛깔스러운 안주와 함께 속이 뻥 뚫릴 듯 시원한 맥주나 목에 착 감기는
소주 한 잔을 마시며 누리는 즐거움을 어디에 비할 수 있을까.
밥 대신 먹어도 든든하고 마음까지 채워주는 안주를 준비해본다.
화나는 날, 우울한 날은 달래주고 기쁜 날과 즐거운 날은
더욱 행복하게 만들어 주는 힐링 푸드!
사랑하는 가족이 두 팔 벌려 반겨주고, 맛있는 냄새가 폴폴 풍기는 집은
남편을 칼퇴근하게 만드는 진정한 휴식처다.

제육볶음

소시지두부김치

매콤한 순대볶음

주꾸미삼겹살불고기

해물파전

어묵탕

훈제오리구이와 부추무침

조개술찜

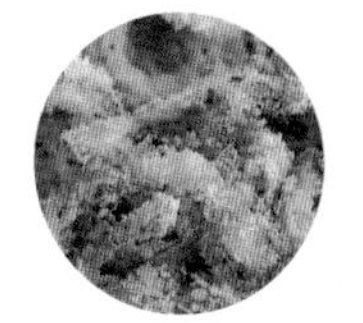

허브어니언링 & 진미채튀김

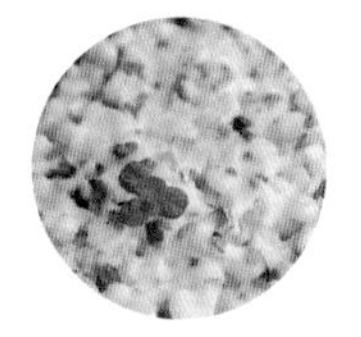

콘치즈

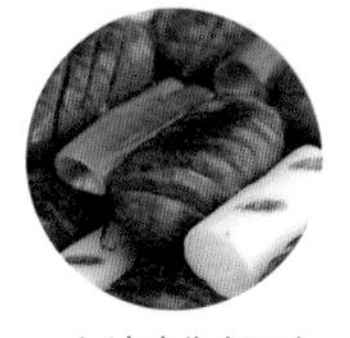

소시지대파구이

제육볶음

한국 남자들이 가장 좋아하는 메뉴 중 하나가 제육볶음이죠. 우리 집에서도 일주일에 한 번 정도는 식탁에 올리는데요. 냉동실에 보관해둔 고기만 있으면 언제든 바로 꺼내서 만들 수 있는 만만한 요리에요.

돼지고기 앞다리살 500g
대파 1대
양파 ½개
청양고추 2개
홍고추 1개
양배추 2장
깻잎 3~4장
들기름 1큰술

양념
- 고추장 2큰술
- 고춧가루 2큰술
- 간장 2큰술
- 매실청 2큰술
- 설탕 1큰술
- 다진 마늘 1큰술
- 통깨 약간
- 후춧가루 약간

눈물 쏙 빠지도록 매운맛을 좋아한다면, 들기름 대신 고추기름에 볶으세요. 맵게 한다고 고추장과 고춧가루의 양만 늘리면 맛이 텁텁해질 수 있거든요.

1

돼지고기는 미리 분량의 양념을 모두 넣고 1시간 이상 재워요.

2

그 사이, 양배추와 양파, 깻잎은 채 썰고, 대파와 청양고추, 홍고추는 어슷 썰어요.

3

양념이 밴 고기에 손질한 채소를 넣고 잘 섞어요.

4

달군 팬에 들기름을 두르고, 양념한 고기와 채소를 넣고 강한 불에서 볶아요.

5

고기의 겉이 익으면 중간불로 줄여서 완전히 익을 때까지 볶아요. 그릇에 담은 뒤 채 썰어둔 깻잎이나 대파, 통깨를 뿌려요.

시원한 막걸리 안주로 제격인 두부김치. 퇴근 시간에 맞춰 정성 가득한 음식으로 남편을 맞이합니다. "여보! 오늘도 고생했어!"

Recipe

두부 1모
소시지 2줄
신김치 ¼포기
고춧가루 약간
들기름 1큰술
검은깨 약간

소시지를 고를 때는 제조일을 꼭 확인하고 오래된 것은 피하세요. 칙칙한 착색은 없는지 포장지에 액즙이 괴어 있지는 않은지 살피고, 색이 고르고 윤기 있는 것을 선택해요.

1

신김치는 먹기 좋은 크기로 잘게 잘라요.

2

소시지는 얇게 잘라 준비해요.

3

두부는 반 토막 내서 1cm 두께로 자른 다음, 전자레인지에 1~2분 돌려요.

4

달군 팬에 들기름을 두르고, 신김치를 볶아요.

5

김치가 어느 정도 볶아지면, 소시지를 넣어요

6

소시지가 익으면, 접시에 두부와 함께 가지런히 담아 완성.

매콤한 순대볶음

매콤한 양념으로 볶아낸 순대볶음. 향긋한 깻잎을 더해 막걸리 안주로 그만이에요. 가볍게 스트레스 풀기에 좋은 부담스럽지 않은 상차림이죠.

Recipe

2인분

순대 200g
떡볶이 떡 10개
깻잎 10장
양배추 3~4장
양파 ½개
당근 약간
대파 1대
마늘 2쪽
식용유 약간

양념

고추장 2큰술
고춧가루 1큰술
간장 2큰술
매실청 1큰술
올리고당 1큰술
맛술 1큰술
참기름 1작은술
후춧가루 약간
물 4큰술

1

양파와 당근은 먹기 좋은 크기로 자르고, 대파는 어슷 썰어요. 깻잎과 양배추 역시 먹기 좋은 크기로 듬성듬성 자르고, 마늘은 편 썰어요.

2

떡볶이 떡은 뜨거운 물에 담가 불리고, 순대는 먹기 좋은 크기로 썰어요.

3

볼에 양념 재료를 모두 넣고 잘 섞어요.

4

달군 팬에 식용유를 두르고, 마늘과 당근을 볶다가 뒤이어 양파와 양배추를 넣고 볶아요.

5

대파와 양념의 절반을 넣고 볶아요.

6

불린 떡과 순대, 나머지 양념을 넣고 골고루 섞어가며 볶아요.

7

떡과 순대에 양념이 골고루 배고 잘 익으면, 깻잎과 통깨를 넣어 마무리해요.

먹고 남은 순대나 슈퍼에서 파는 냉장 순대는 전자 레인지에 돌리면 맛이 없어요.
이때 매콤한 양념과 함께 볶아주면 순대의 잡냄새가 말끔히 사라지고 맛있답니다.

주꾸미삼겹살 불고기

자주 먹는 삼겹살이 질릴 땐 매콤한 소스와 쫄깃한 주꾸미를 준비해요.
남편이 좋아하는 삼겹살과 제가 좋아하는 주꾸미를 넣어 사이 좋게 나눠 먹어요.

Recipe

주꾸미 5마리
삼겹살 300g
양파 ½개
당근 약간
청양고추 1개
홍고추 1개
대파 1대
식용유 약간

양념장

고추장 3큰술
고춧가루 2큰술
간장 2큰술
매실청 2큰술
설탕 1큰술
참기름 1큰술
다진 마늘 1큰술
후춧가루 약간
통깨 약간

주꾸미에 풍부한 타우린은 간해독 기능이 있고 먹물 속에는 항암 작용을 하는 성분이 있어 싱싱한 주꾸미는 먹물을 같이 먹는 게 좋아요.

1

주꾸미는 밀가루로 문질러 깨끗하게 씻고, 삼겹살은 먹기 좋은 크기로 잘라요.

2

양파는 채 썰고 청양고추와 홍고추, 대파는 송송 썰어요. 당근은 얇고 작게 썰어요.

3

양념장 재료를 모두 넣고 잘 섞어요.

4

볼에 준비한 모든 재료를 넣고 잘 섞은 다음 15분간 재워요.

5

달군 팬에 식용유를 두르고, 주꾸미와 삼겹살, 채소를 센 불에 재빨리 볶은 후 접시에 담고 통깨를 솔솔 뿌려주면 완성.

비 오는 날에는 전이죠! 지글지글 해물파전이 익어가는 소리에 군침이 절로 돌아요. 금방 구운 파전에 막걸리를 곁들이면 금상첨화.

Recipe

2장

쪽파 한 줌
오징어 1마리
칵테일 새우 반 줌
조개살 반 줌
건새우 약간
홍고추 ½개
청양고추 1개
달걀 2개
부침가루 5큰술
튀김가루 5큰술
물 1컵
식용유 적당량

해물파전에 건새우를 넣으면 새우의 향이 훨씬 강해져 식감과 맛이 좋아져요. 또 부침가루와 튀김가루를 반반씩 섞어 반죽하면 훨씬 바삭바삭하고 고소해요.

1

오징어는 내장과 껍질을 제거하고, 먹기 좋은 크기로 잘라요. 새우는 반으로 슬라이스하고, 조개살과 건새우도 준비합니다.

2

쪽파는 깨끗이 씻어 물기를 제거하고, 홍고추와 청양고추는 어슷 썰어요.

3

볼에 분량의 부침가루와 튀김가루, 물을 넣고 잘 섞어요.

4

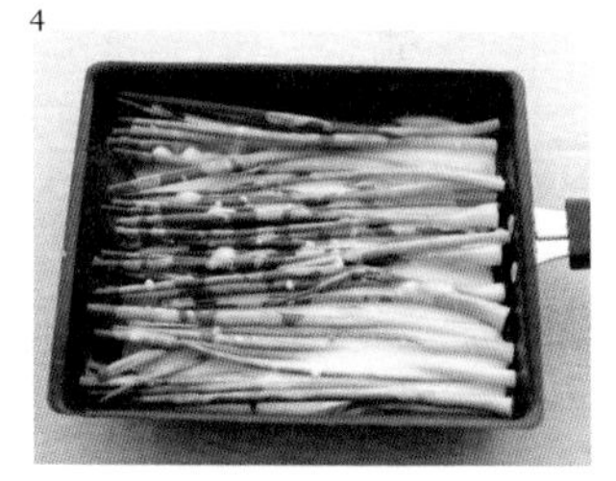

팬에 식용유를 두르고 쪽파를 가지런히 놓은 다음, 반죽을 골고루 얇게 펴줍니다.

5

그 위에 달걀 1개를 터뜨려서 올린 후 젓가락으로 살살 펴주고, 손질한 해물과 고추를 듬뿍 올려요.

6

바닥이 노릇하게 익으면, 뒤집어서 다른 면도 익혀요.

어묵탕

한겨울, 남편 외투 주머니에 손을 넣고 걷다가 포장마차에 들러 하나씩 집어먹던 어묵은 그야말로 추억의 음식이에요. 따끈한 국물과 탱탱한 어묵은 피할 수 없는 유혹이죠.

Recipe

2인분

모둠 어묵 2팩
청양고추 1개
대파 1대
표고버섯 2개
다진 마늘 1작은술
국간장 1큰술
소금 약간

멸치 육수

물 1L
국물용 멸치 반 줌
건새우 약간
다시마 3~4장
표고버섯 기둥 약간
무 약간

어묵은 미리 끓는 물에 한번 데친 후 조리해야 기름기가 빠져 느끼하지 않고 맛있어요. 국물용 멸치는 머리와 내장을 제거하고 육수를 우려야 쓴맛이 나지 않는답니다.

1

멸치와 건새우, 다시마, 표고버섯, 무 등을 넣고 진한 멸치 육수를 만들어요.

2

파와 청양고추는 송송 썰고, 표고버섯도 먹기 좋게 잘라요.

3

어묵은 미리 끓는 물에 한번 데쳐 기름기를 빼요.

4

멸치 육수가 끓으면 무를 제외한 건더기는 건져내고, 다진 마늘과 국간장을 넣어요.

5

미리 한번 데쳐놓은 어묵과 표고버섯을 넣고 끓여요.

6

보글보글 끓으면 청양고추와 파를 넣어요. 부족한 간은 소금으로 맞추면 완성.

훈제오리구이와 부추무침

차가운 성질인 오리와 따뜻한 성질인 부추는 궁합이 잘 맞는다고 해요. 바쁜 업무와 스트레스로 지쳐가는 주 중반, 남편을 위해 특별한 메뉴를 준비해 보세요. 맛과 영양이 up, 남편의 기분도 덩달아 up up!

부추 100g
양파 ½개
훈제 오리고기 300g

양념

- 식초 2큰술
- 간장 2큰술
- 다진 마늘 1작은술
- 고춧가루 1큰술
- 매실청 1큰술
- 참기름 1큰술
- 통깨 1큰술

부추에는 비타민 A와 C가 풍부하고 부추에 들어있는 칼륨은 체내의 나트륨을 배출하는 효능이 있다고 해요. 평소에 짜게 먹는 습관이 있다면 요리할 때 부추를 곁들여보세요. 몸이 붓는 것을 예방할 수 있어요.

1

부추는 깨끗이 씻어 4~5cm 길이로 자르고, 양파는 채 썰어요.

2

작은 볼에 양념장 재료를 모두 넣고 잘 섞어요.

3

믹싱 볼에 부추와 양파, 양념장을 넣고 골고루 섞어 랩을 씌운 후 냉장고에 넣어 차게 보관해요.

4

훈제 오리는 그릴에 노릇하게 구워요. 접시에 부추 무침을 가득 담고, 그 위에 구운 훈제 오리를 올려주면 완성!

조개술찜

남편과 함께 일본 드라마 '심야식당'을 보다 누가 먼저랄 것도 없이 "해먹자!"를 외쳤던 메뉴에요. 한번 맛본 후론 우리 집 심야 식탁에 종종 오르곤 하죠.

Recipe

- 바지락 500g
- 마늘 3~4쪽
- 청양고추 1개
- 홍고추 1개
- 올리브유 약간
- 버터 1작은술
- 청주 100mL
- 간장 ¼작은술
- 실파 약간
- 후춧가루 약간

1

조개는 소금물에 담가 해감을 뺀 후, 깨끗이 씻어요.

2

마늘은 편 썰고, 홍고추와 청양고추는 어슷 썰어요. 실파는 송송 썰어 준비합니다.

3

달군 팬에 올리브유를 두르고, 마늘을 볶아요.

4

조개를 넣고 센 불에서 재빨리 볶아요.

5

분량의 청주를 넣어요.

6

바글바글 끓으면 중간 불로 바꾼 뒤, 청양고추와 홍고추를 넣고, 부족한 간은 간장으로 맞춰요.

7

조개가 입을 벌리면 분량의 버터를 넣어요.

8

후춧가루를 살짝 뿌리고, 다진 실파를 넣어 마무리해요.

조개나 홍합은 조리하기 전 바닷물과 비슷한 염도의 소금물에 담가 꼭 해감을 빼야 해요. 물 5컵에 굵은 소금 2~3큰술을 넣어 1~2시간 담가두면 됩니다.

허브어니언링 & 진미채튀김

오징어튀김 다들 좋아하시죠? 우리 집은 오징어 대신 밑반찬을 만들고 남은 진미채로 튀김을 만들어요. 잠이 안 오고 출출한 여름밤엔 고소한 진미채 튀김과 허브어니언링으로 더위를 식혀보세요.

Recipe

2인분

진미채 한 줌
양파 1개
밀가루 2큰술
후춧가루 ¼작은술
파슬리가루 1큰술
빵가루 1컵
식용유 약간

튀김옷

- 튀김가루 1컵
- 달걀 1개
- 떠먹는 플레인 요거트 1개
- 물 100mL

진미채에 튀김옷을 입혀주면 짠맛이 많이 중화되고 바삭바삭해져요. 기호에 맞게 타르타르소스나 머스터드, 케첩 등을 찍어 드세요.

1

진미채는 먹기 좋은 길이로 잘라 물에 10분 정도 담그고 양파는 링으로 잘라요.

2

비닐 봉지에 밀가루 2큰술과 후춧가루를 넣고 잘 섞은 다음, 물기를 꼭 짠 진미채와 양파를 넣고 흔들어 밀가루 옷을 골고루 입혀요.

3

볼에 튀김가루, 달걀, 요거트 1개, 물 100mL를 넣어 튀김옷을 만들고, 밀가루 입힌 양파와 진미채에 튀김옷을 입혀요.

4

뒤이어 파슬리가루를 뿌린 빵가루를 골고루 묻혀요.

5

오븐팬에 유산지를 깔고, 빵가루 입힌 양파를 올리고 오일 스프레이를 이용해서 식용유를 넓게 뿌려요. 예열한 200도 오븐에서 약 15분간 노릇하게 구워주면 완성.

6

진미채도 같은 방법으로 약 15분간 구워주면 완성.

콘치즈

횟집에 가면 늘 제 차지였던 콘치즈. 오늘은 남편 몫까지 넉넉히 만들어봅니다.
캔 옥수수 대신 제철 옥수수를 삶아서 만들면 더 맛있어요.

- 찐 옥수수 2개
- 적양파 ⅓개
- 블랙올리브 3알
- 파프리카 컬러별로 조금씩
- 피망 약간
- 마요네즈 1큰술
- 후춧가루 1작은술
- 올리고당 1작은술
- 피자치즈 100g
- 파슬리가루 약간

오븐이 없을 때는 직화에 올려 뚜껑을 덮고 치즈가 녹을 때까지 조리하면 돼요. 기호에 따라 완두콩이나 잘게 썬 햄을 넣어도 맛있답니다.

1

파프리카와 피망, 적양파, 올리브는 잘게 다져요.

2

삶은 옥수수는 칼등을 이용해서 알갱이만 분리해요.

3

볼에 옥수수 알맹이와 잘게 다진 채소, 마요네즈, 후춧가루, 올리고당을 넣고 잘 섞어요.

4

무쇠 팬에 마요네즈에 버무린 옥수수를 올려요.

5

그 위에 피자치즈와 파슬리가루를 뿌린 후, 200도로 예열된 오븐에서 8~10분간 구우면 완성.

소시지 대파구이

뜬금없이 꼬치안주에 맥주 한잔 하고 싶다는 남편. 냉장고에 있던 소시지와 대파만으로 뚝딱 만들었어요.
짭조름 고소한 소시지와 구운 대파가 이렇게도 잘 어울릴 줄이야!

2인분

미니 소시지 15개
대파 2대
후춧가루 약간
식용유 1큰술

동글이의 Tip

소시지를 미리 살짝 데치면, 파가 익을 정도로만 그릴에서 구워도 되므로 더 간편해요. 소시지 대파구이는 캠핑 음식으로도 좋은데요. 직화로 구운 뒤 후춧가루를 솔솔 뿌리면 불맛이 나서 더 맛있답니다.

1

소시지는 칼집을 내고, 대파는 소시지와 같은 길이로 잘라요.

2

끓는 물에 소시지를 데친 다음, 체에 밭쳐 물기를 빼요.

3

소시지와 대파를 번갈아 가며 꼬치에 꽂아요.

4

이때 기호에 따라 후춧가루를 솔솔 뿌려요.

달군 팬에 식용유를 두르고, 앞뒤로 노릇하게 구우면 완성.

휴일 느긋하게 즐기는 간식거리

주말이나 휴일에는 바깥일도 집안일도 모두 접고 편히 쉬자는 게 우리 부부의 생각.
그래서 휴일엔 해가 중천에 뜰 때까지 달콤하게 늦잠을 즐긴다.
그러고는 느지막이 일어나 밥 대신 먹을 수 있는
간단한 요깃거리를 찾는 게 우리의 휴일 모습이다.
근사한 브런치 카페가 좋을 수도 있지만 집 나서기도 귀찮고 가격도 부담스러워,
휴일엔 연애 시절 추억이 깃든 간식과 분식을 떠올리곤 한다.
가끔 내가 자는 사이, 남편이 먼저 일어나 만들어놓은 요리는
세상 모든 산해진미가 부럽지 않은 특별한 한 접시다.

두부콩국수

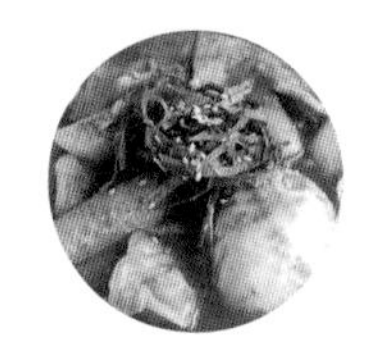

국물떡볶이

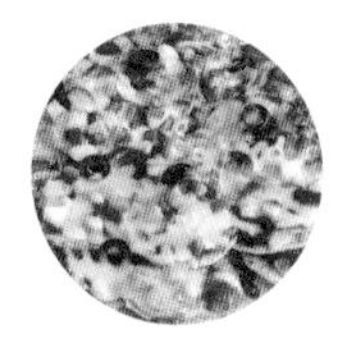

나초피자

불고기식빵베이크

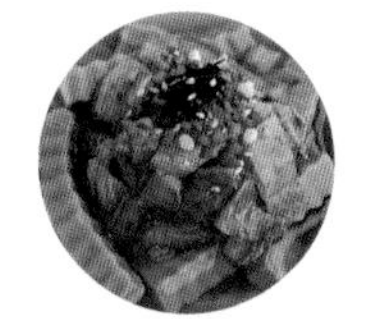

도토리묵사발

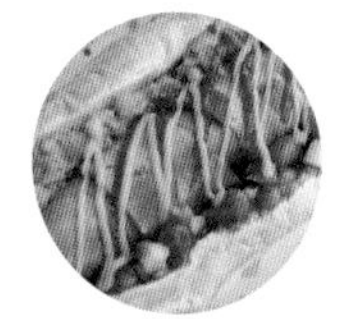

칠리핫도그

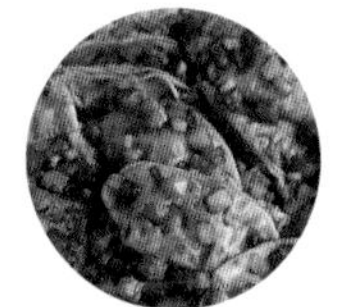

깐풍만두

베이컨떡꼬치 &
아스파라거스말이

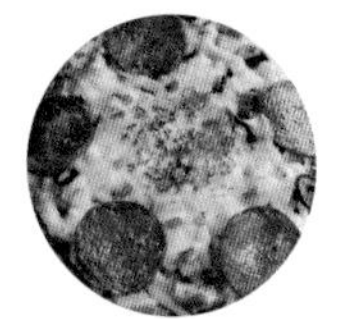

떠먹는 피자

감자게살크로켓

두부콩국수

여름에는 시원하고 담백한 콩국수가 생각나죠. 하지만 콩국을 만드는 게 여간 성가신 일이 아니에요. 그럴 땐 간편하게 두부를 이용해요. 시원하고 고소한 맛이 입안 가득 퍼진답니다.

2인분

- 두부 1모
- 우유 400mL
- 참깨 3큰술
- 소금 ½작은술
- 삶은 달걀 1개
- 중면 200g
- 어린잎 채소 약간
- 방울토마토 1개

끓는 물에 면을 넣고 물이 끓어 넘치려 할 때 물 ½컵을 두 세 번에 걸쳐 부어 가며 삶으면 면발이 훨씬 더 쫄깃해져요.

1

두부는 깨끗이 씻어 잘게 썰고 믹서기에 두부, 참깨, 우유, 소금을 넣고 곱게 갈아요.

2

기호에 따라 우유를 추가하면서 농도를 조절해요.

3

달걀은 삶아서 준비합니다.

4

중면은 삶은 뒤, 찬물에 헹궈 물기를 꽉 짜요.

5

오목한 볼에 삶은 면을 담고 콩국과 어린 잎 채소, 삶은 달걀을 올려주면 완성.

국물떡볶이

결혼 전, 친정 앞에 항상 떡볶이 트럭이 있었어요. 데이트를 마치고 집에 바래다주는 남편과 헤어지기 아쉬울 때 사 먹곤 했던 국물떡볶이! 그때를 추억하며 가끔 만들어 먹어요.

Recipe

2인분

멸치 육수 2컵
떡볶이 떡 100g
어묵 200g
달걀 1개
대파 1대
양배추 3~4장
깻잎 3~4장
통깨 약간

양념

고추장 1큰술
고춧가루 2큰술
간장 2큰술
물 50mL
다진 마늘 1큰술
올리고당 2큰술
매실청 2큰술

진한 멸치 육수를 이용하면 국물이 많아도 싱겁거나 간에 빈틈이 없어요. 또 설탕 대신 올리고당과 매실청으로 단맛을 내면 건강에도 좋아요.

1

물 500mL에 멸치와 다시마, 건새우를 넣고 육수를 끓여요.

2

떡볶이용 떡은 미리 물에 담가 불려요.

3

양배추와 대파, 어묵은 먹기 좋은 크기로 썰고, 달걀은 미리 삶아요.

4

양념 재료를 모두 넣고 잘 섞어요.

5

냄비에 멸치 육수와 양념장을 넣고 끓이다가 떡과 어묵을 넣고 보글보글 끓여요.

6

떡이 익으면 양배추와 대파를 넣고 한번 더 끓여요. 국물이 어느 정도 걸쭉해지면 얇게 채 썬 깻잎과 통깨를 올려요.

나초피자

피자 도우 대신 나초를 이용해서 만든 피자에요. 간단하지만 고소함은 2배!
좋아하는 토핑을 마음껏 올리면 더욱 맛있고 풍성해지죠.

Recipe

2인분

나초 한 줌
토마토소스 4~5큰술
다진 파프리카 3큰술
다진 양파 2큰술
올리브 4~5알
핫소스 약간
피자치즈 100g
허브가루 약간

동글이의 Tip

매콤하게 먹고 싶을 땐 토마토소스 대신 살사소스를 이용해 보세요!

1

양파와 파프리카, 올리브는 잘게 다져요.

2

핫소스도 몇 방울 떨어뜨리면 매콤해요.

오븐 용기 바닥에 나초를 넓게 깔고, 그 위에 토마토소스를 적당히 올려요.

3

다진 파프리카와 양파, 슬라이스 한 올리브를 올려요.

4

그 위에 다시 나초를 올려요.

5

토마토소스와 다진 채소를 반복해서 올려요.

6

피자치즈를 듬뿍 얹고, 허브가루를 솔솔 뿌린 다음, 예열한 200도 오븐에서 3~4분간 돌려주면 완성.

불고기 식빵베이크

대형 마트 푸드 코너에서 인기 메뉴인 불고기 베이크를 집에서 간단히 만들어 먹어요. 손이 많이 가는 밀가루 반죽 대신 식빵을 이용하면 휴일에 간편하게 먹을 수 있는 간식이 뚝딱 만들어져요.

Recipe

2인분

소고기 불고기감 250g
식빵 6장
양파 ⅓개
당근 약간
대파 약간
피자치즈 100g

불고기 양념
간장 3큰술
설탕 1큰술
청주 1큰술
다진 양파 1큰술
다진 마늘 1작은술
후춧가루 1작은술

1

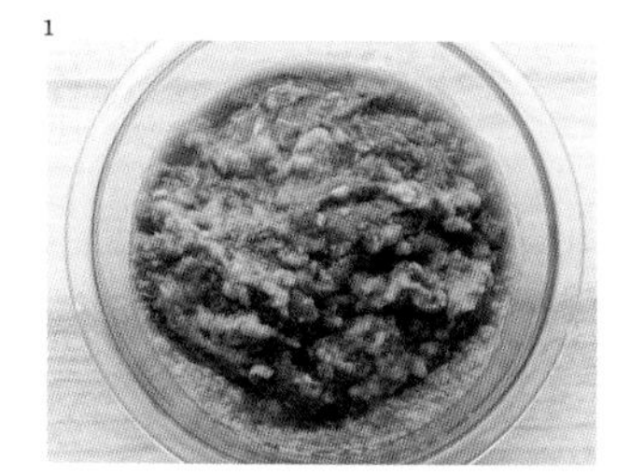

소고기에 간장, 설탕, 청주, 양파, 마늘, 후춧가루를 넣고 잘 섞어 잠시 재워요.

2

달군 팬에 양념한 소고기와 채 썬 채소를 넣고 강한 불에서 물기가 없어지도록 바싹 볶아요.

3

식빵은 테두리를 잘라 준비해요.

4

밀대를 이용해서 납작하고 평평하게 밀어요.

5

불고기 볶음을 적당량 올리고, 피자치즈를 얹어요.

6

식빵을 반으로 접고, 가장자리에 물을 살짝 묻힌 다음, 포크로 꾹꾹 눌러 이음새를 막아요.

7

식빵 위에 피자치즈를 살짝 얹고, 예열한 190도 오븐에서 10~12분간 구워주면 완성.

불고기는 이미 익힌 거라, 치즈가 녹을 정도로만 구우면 돼요.
너무 오랜 시간 조리하면 식빵이 딱딱해질 수 있으니 유의하세요.

도토리묵사발

보들보들 고소한 도토리묵과 진한 멸치 국물의 조화가 참 잘 어울려요.
여기에 새콤한 김치를 올리면 든든한 간식이 되죠.

도토리묵 1모
멸치 육수 3컵
신김치 1컵
들기름 1큰술
김가루 약간
통깨 약간
실파 약간

국물 양념
국간장 1큰술
식초 1큰술
설탕 ½작은술

보기 좋은 음식이 맛도 좋다는 말이 있죠. 묵은 일반 칼로 자르기보다 물결 무늬가 있는 칼로 자르면 더욱 먹음직해 보여요. 여름에는 얼음 동동 시원한 멸치 육수를, 겨울에는 따끈한 육수를 넣어주면 계절에 맞게 즐길 수 있어요.

1

멸치와 건새우, 다시마를 넣고 육수를 끓여요.

2

도토리묵은 먹기 좋은 크기로 썰어요.

3

달군 팬에 들기름을 두르고 신김치를 볶아요.

4

그릇에 도토리묵과 육수를 담고, 볶은 신김치와 김가루, 다진 실파, 통깨를 뿌리면 완성.

칠리핫도그

남편이 워낙 핫도그를 좋아해서 종종 이태원 푸드 트럭에서 사 먹곤 했어요. 그런데 집에서 만들어보니 의외로 간단해요. 홈메이드인만큼, 좋아하는 재료들을 듬뿍 넣을 수 있으니 밖에서 사 먹는 것보다 훨씬 맛있지요.

Recipe

2인분

호기빵 2개
긴 소시지 2개
칠리빈 ½캔
베이컨 2줄
케첩 1큰술
칠리소스 1큰술
양파 ½개
적양파 ⅓개
렐리시 4큰술
머스터드 적당량

렐리쉬는 다진 피클을 머스터드에 버무려놓은 건데요. 핫도그나 샌드위치, 샐러드 등을 만들 때 이용해보세요.

1

냄비에 칠리빈 ½캔을 붓고, 케첩과 칠리소스를 넣어 끓인 뒤 식혀요.

2

양파와 적양파는 잘게 다져요.

3

소시지는 물에 살짝 데친 뒤, 베이컨으로 돌돌 말아 앞뒤로 노릇하게 구워요.

4

호기빵을 반을 자르고, 1에서 만든 칠리빈을 듬뿍 넣어요.

5

칠리빈 위에 다진 양파를 넣고, 소시지를 올린 후 렐리시를 듬뿍 넣어요.

6

기호에 맞게 머스터드소스와 칠리소스를 뿌려주면 완성.

깐풍만두

나른한 휴일 오후, 남편이 뭔가 별식을 찾을 때면 새콤달콤하면서도 매콤한 깐풍만두를 만들어요. 재료도 간단하고 만드는 방법도 쉽지만 맛은 웬만한 중화요리 못지않아요.

Recipe

2인분

냉동 만두 15개
양파 ¼개
미니 파프리카 1개씩
피망 ⅓개
실파 2대
다진 마늘 1작은술
고추기름 약간

소스

물 2큰술
식초 2큰술
간장 2큰술
굴소스 1큰술
맛술 1큰술
올리고당 1작은술
후춧가루 약간

1

양파, 파프리카, 피망, 실파는 다져서 준비해요.

2

볼에 소스 재료를 모두 넣고 잘 섞어요.

3

만두를 바삭바삭하게 구워야 소스와 버무려도 눅눅해지지 않아요.

냉동만두는 달군 팬에 기름을 두르고, 앞뒤로 노릇하게 구워요.

4

달군 팬에 고추기름을 두르고, 다진 양파와 다진 마늘을 넣고 볶아요.

5

양파가 투명해지면 파프리카와 피망, 실파를 넣고 마저 볶아요.

6

만들어놓은 양념장을 붓고, 바글바글 끓여요.

7

노릇하게 구운 만두를 넣고 골고루 양념이 배도록 재빨리 볶아주면 완성.

냉동 만두가 눈 깜짝 할 사이 요리로 변신해요. 매콤한 걸 좋아한다면, 고추기름을 듬뿍 넣고 페페론치노나 청양고추를 넣으면 더 개운하답니다.

Coca-Cola
light

베이컨떡꼬치& 아스파라거스말이

간단하게 손으로 들고 먹을 수 있는 메뉴가 뭐가 있을까 생각하니 베이컨이 떠올랐어요.
쫀득한 떡과 아삭한 아스파라거스에 베이컨을 돌돌 말아 영양 간식을 만들어요.

떡볶이 떡 15개
아스파라거스 6대
베이컨 10장
후춧가루 약간
파슬리가루 약간
소금 약간
피자치즈 한 줌

아스파라거스는 봉우리 쪽이 맛있고 영양도 풍부해요. 아래쪽으로 갈수록 질기므로 억센 밑둥 부분은 3~5cm 정도 잘라 버리고 사용해야 식감이 좋아요.

1

떡볶이 떡은 따뜻한 물에 담가 불려요.

2

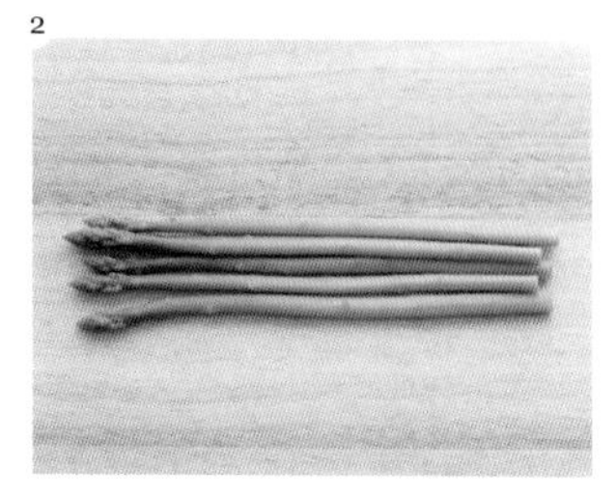

아스파라거스는 필러로 껍질을 살짝 벗긴 뒤, 소금을 넣은 끓는 물에 1분 정도 데친 후, 찬물에 헹궈요.

3

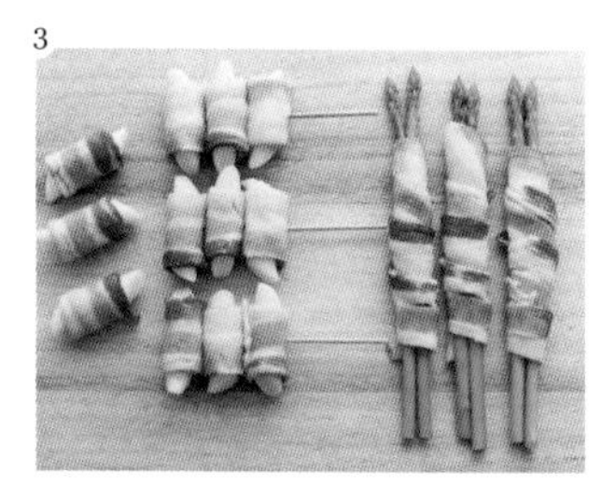

아스파라거스 2개를 베이컨 1장으로 돌돌 말아요. 떡볶이 떡은 베이컨 ⅓개로 각각 말아서 꼬치에 꽂아요.

4

오븐 그릴에 가지런히 올려 후춧가루와 피자치즈를 얹고 예열한 200도 오븐에서 5~7분간 구워주면 완성.

떠먹는 피자

어중간하게 한두 장 남은 식빵이 있다면 고민하지 말고 떠먹는 피자를 만들어요. 살짝 딱딱해진 식빵도 토마토소스가 더해지면 부드러워지거든요. 각종 채소와 살라미, 치즈까지 듬뿍 들어가 영양도 만점, 맛도 만점!

Recipe

2인분

식빵 2장
피망 ¼개
파프리카 ¼개
양파 ¼개
블랙올리브 2~3알
소시지 약간
식용유 약간
살라미 약간
토마토소스 1컵
피자치즈 100g
후춧가루 약간

파프리카는 색에 따라 영양소 함량이 달라요. 빨간색과 노란색은 비타민 A가 풍부하고, 주황색에는 베타카로틴이 다량 함유되어 있어요. 녹색 파프리카에는 철분과 칼슘이 많이 들어 있답니다.

1

채소는 잘게 다지고, 소시지와 살라미는 얇게 슬라이스해요.

2

식빵도 먹기 좋은 크기로 잘라요.

3

달군 팬에 식용유를 두르고, 소시지와 다진 채소를 볶아요. 이때 후춧가루도 솔솔 뿌려줍니다.

4

오븐 용기에 잘라둔 식빵을 촘촘히 깔고, 그 위에 토마토소스를 듬뿍 올려요.

5

볶은 소시지와 채소를 듬뿍 올려요.

6

피자치즈를 듬뿍 올리고, 슬라이스한 살라미를 올린 다음, 예열한 200도 오븐에서 10~12분간 구우면 완성.

크로켓은 누구나 좋아하는 메뉴지만 튀기는 과정이 번거로워 자주 만들지는 못해요. 하지만 남편의 말 한마디면 어느새 부엌에서 재료를 손질하고 있는 저를 발견하곤 하지요.

Recipe

2인분

감자(중) 3~4개
게맛살 100g
양파 ½개
당근 ⅕개
피망 ½개
밀가루 ½컵
달걀 1개
빵가루 ½컵
식용유

화이트루

버터 1큰술
밀가루 2큰술
우유 1컵
소금 약간
후춧가루 약간

반죽의 농도가 진 편이라 숟가락으로 반죽을 조금씩 떠서 밀가루에 굴리며 모양을 잡으면 편해요. 또 빵가루가 없으면 어중간하게 남은 식빵을 말려 믹서기나 커터기로 갈아 사용해도 좋아요.

1

감자는 푹 삶아서 뜨거울 때 껍질을 벗기고, 메셔를 이용해 으깨요.

2

게살과 채소는 잘게 다져요.

3

냄비에 분량의 버터를 녹이고 밀가루를 넣어 볶다가 우유를 붓고 저어가며 끓여요. 이때 소금 한 꼬집과 후춧가루를 뿌려 화이트루를 만들어요.

4

으깬 감자에 화이트루와 다진 재료들을 잘 섞어요.

5

둥글게 빚어서 밀가루 옷을 골고루 입혀줍니다. 달걀과 빵가루를 순서대로 꼼꼼히 묻혀요.

6

팬에 기름을 넉넉히 두르고, 빵가루가 노릇해질 정도로 튀기듯 구워요. 앞뒤로 골고루 구운 다음, 어린잎 채소 위에 올리고, 기호에 따라 케첩과 머스터드를 뿌리면 완성.

+Tip 평범한 음식 좀 더 맵게 즐기기!

먹을 땐 이마에 땀이 송골송골 맺히고 혼이 쏙 빠지는 듯해도, 먹고 나면 스트레스가 확 풀리는 게 매운 음식이죠. 무조건 고추장이나 고춧가루를 더 넣는다고 생각하면 오산이에요. 음식 재료나 조리 방법에 따라 맛있으면서도 매콤하게 즐기는 방법을 소개합니다.

조림이나 찌개를 맵게 하고 싶다면?

고춧가루에 양념에 섞어 고춧가루가 불도록 잠시 두었다가 요리에 넣어요. 고춧가루 색이 진해지면서 더 맵고 칼칼한 맛이 우러난답니다.

볶음 요리를 맵게 하고 싶다면?

고추기름을 쓰거나 마른 고추를 기름에 한 번 볶아 주재료에 넣으면 매콤한 맛이 더 강해져요.

맑은 국물에 칼칼한 맛을 더하려면?

육수 만들 때 청양고추를 이쑤시개로 콕콕 찔러 구멍 낸 다음 함께 넣어 끓이다가 건져냅니다.

서양 요리에 매운맛을 가미하고 싶다면?

피자나 파스타, 바비큐 등의 음식을 매콤하게 즐기고 싶으면, 깔끔하게 매운 페페론치노나 레드페퍼를 이용해요.

매운맛이 나는 그 밖의 재료들

할라피뇨 멕시코 고추로 매운맛이 강하고 육질이 두꺼워 아삭아삭 씹는 맛이 있어요. 주로 피클 고추로 이용해요. 노란색과 초록색이 있는데 노란색이 더 맵고, 얇게 저민 것보다 통으로 조리한 것이 더 매워요. 파스타, 피자 혹은 타코 등의 요리에 곁들이면 느끼함을 없애 입맛을 개운하게 해줍니다.

레드페퍼 햇볕에 잘 말린 매운 고추를 씨와 함께 잘게 부순 것으로, 주로 서양 요리를 매콤하고 칼칼하게 먹고 싶을 때 이용해요. 파스타나 피자에 솔솔 뿌려 먹기도 하고, 고기 구울 때 바비큐소스에 섞기도 해요.

두반장 중국 사천식 요리에 많이 쓰이는 소스로, 마파두부에 곁들이는 소스로 잘 알려져 있지요. 우리나라 고추장과 된장을 섞어놓은 것처럼 맵고 짠맛이 강해요.

프릭키누 원산지는 태국이고 쥐똥처럼 작아서 쥐똥고추라 불리기도 해요. 우리나라의 청양고추보다 10배가량 매워요. 태국의 매운 요리에는 꼭 프릭키누가 들어가요. 쌀국수 전문점에서 매운맛을 내기 위해 사용하기도 합니다.

쓰리라차 태국 동부지역인 시라차(Si Racha) 이름을 따온 것으로, 고추와 마늘을 갈아 페이스트로 만든 뒤 식초와 설탕, 소금을 넣었어요. 고추의 매운맛과 마늘의 알싸한 맛이 더해져 무척 자극적이에요.

카옌페퍼 서양고추인 칠리를 말려 아주 곱게 간 서양식 고춧가루에요. 카옌페퍼에 큐민과 마조람, 마늘가루를 더한 것이 칠리 파우더고, 마늘과 양파, 후춧가루, 오레가노를 더한 것이 케이준 스파이스예요. 주로 스튜나 육류 요리에 매운맛을 더하기 위해 사용합니다.

캡시컴 고추를 말린 뒤 올레오진 처리로 뽑아낸 추출물을 옥수수 분말과 섞어 만들었어요. 일반 소스와는 비교할 수 없을 정도로 매운맛이 강해요. 주로 뜨겁고 매운 음식을 만들 때, 다른 양념에 소량 섞어서 조리해요.

Level 3

이젠 나도
요리의 여신!

여자라면 누구나 결혼에 대한 환상이 있을 것이다. 나 역시 그랬다.
영화 속 여주인공처럼 햇살 가득한 부엌에서 새하얀 앞치마를 두르고
근사한 요리를 척척 해내며, 예쁜 케이크와 달콤한 디저트를 만들어 지인들과 파티를 즐기고,
사랑하는 남편과 로맨틱한 티타임을 갖는 그런 작고 소박한 로망 말이다.
나의 신혼 시절을 돌이켜보면 할 줄 아는 것 하나 없는 완전 초보 주부였지만 요리에 대한 열정만큼은
그 누구보다 뜨거웠다. 아무것도 모르면 용감하다는 말이 있듯이, 결혼 첫해엔
손님 초대를 참 많이도 했다. 집들이만 해도 시댁 친지들, 남편의 회사 동료들과 동창들,
거기에 친정 식구와 내 친구들까지 족히 6번은 넘었을 것이다.
그 덕분인지 나는 손님 초대상이나 명절상에 대한 두려움이 없다.
요리가 익숙해지고 자신감이 생기면서 나의 로망은 현실로 바뀌어 가고 있다.
남편과 함께 하는 기념일엔 나만의 특별 요리로 사랑을 전하고,
부모님께는 좋은 재료와 정성이 가득 담긴 음식으로 존경의 마음을 표한다.
또 항상 든든한 힘이 되어주는 가족과 추억을 나누는 친구들에게도 나의 한없는 사랑을
요리에 담는다. 정성 가득한 음식이야말로 내가 할 수 있는 최고의 선물이니까.

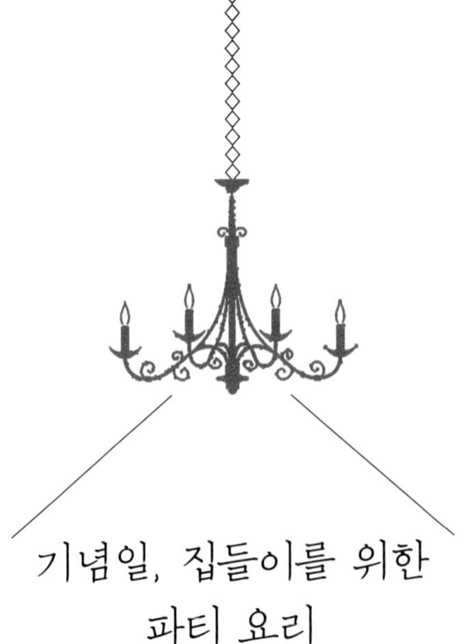

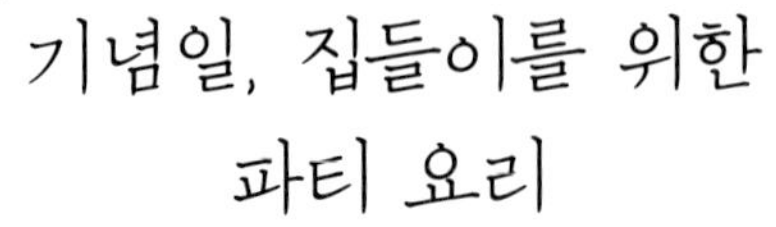

기념일, 집들이를 위한 파티 요리

요즘 누가 손님을 집으로 초대하냐고 하겠지만,
신혼 시절엔 손님상을 준비해야 할 때가 은근히 많다.
부모님을 비롯한 가족이나 친척, 친구들을 집으로 초대하고 싶어도
음식 솜씨 때문에 쉽게 마음을 열지 못했던 경험은 누구에게나 있을 것이다.
열심히 준비했는데 혹시나 맛이 없다고 하면 어쩌나 하는 소심한 걱정이 앞서는 건
신혼 때나 결혼 8년 차가 된 지금이나 마찬가지다.
모든 음식을 완벽하게 차리기보다
근사한 단골 요리 한두 가지만이라도 평소에 마스터해 놓으면
손님 초대가 한결 쉽고 즐거워질 것이다.

소고기가지라자냐
연어카나페
미고렝
홍합스튜
유림치킨
찜닭
레몬드레싱크랜베리샐러드
카프리제샐러드
매운 닭꼬치 & 통마늘구이
오징어탕수

소고기가지 라자냐

기념일이나 손님을 초대할 때 뭔가 특별한 걸 올리고 싶은 게 주부의 마음이죠! 소고기가지라자냐는 소고기와 가지, 쫄깃한 라자냐 면이 층층이 쌓여 일품 요리처럼 보이면서도 집에서 간단한 재료로 즐길 수 있어 좋아요!

Recipe

2인분

- 라자냐 면 4장
- 굵은 소금 1큰술
- 소고기 다짐육 100g
- 가지 2개
- 양파 ½개
- 파프리카 약간
- 토마토소스 1컵
- 후춧가루 약간
- 올리브유 1큰술
- 피자치즈 100g
- 크림치즈 30g

1

가지는 얇게 슬라이스하고, 나머지 재료들은 잘게 다져요.

2

달군 팬에 올리브유를 두르고 가지를 넣고 볶다가 후춧가루를 뿌려요.

3

가지가 어느정도 익으면, 다진 양파와 파프리카, 소고기 다짐육을 넣고 볶아요.

4

토마토소스를 넣고 잘 섞어가며 재빨리 볶아요.

5

물 1L에 굵은 소금 1큰술을 넣고 라자냐 면을 10분간 삶은 뒤, 서로 달라 붙지 않게 체에 밭쳐요.

6

오븐 용기에 만들어 둔 소스를 바르고, 그 위에 라자냐 1장을 올린 뒤 크림치즈를 발라요.

7

그 위에 다시 소스-라자냐-크림치즈-소스 순으로 반복해서 올려요.

8

마지막으로 피자치즈를 듬뿍 올리고 파슬리가루를 솔솔 뿌린 뒤, 예열한 200도 오븐에서 15~20분간 구워주면 완성.

라자냐는 다른 종류의 파스타처럼 끓는 물에 소금을 넣고 삶으면 되는데,
오븐에 들어가면 수분이 날아가므로 조금 오래 삶아도 괜찮아요.
또 라자냐를 미리 삶아 놓을 경우는 마르지 않게 올리브유를 바르면 좋아요.

연어카나페

가볍지만 폼나게 먹을 수 있는 핑거 푸드에요.
재료와 만드는 과정은 간단하지만 담아내는 플레이팅에 따라
식탁 분위기가 확 달라지기 때문에 파티 메뉴로 손색없어요.

Recipe

2인분

바게트 1개
훈제 연어 150g
토마토(중) 1개
양파 ¼개
로즈마리 잎 약간
블랙올리브 약간

드레싱

엑스트라 버진 올리브유 2큰술
발사믹 식초 2큰술
레몬즙 2큰술
꿀 1작은술
소금 약간
후춧가루 약간
파슬리가루 약간

단백질과 오메가 쓰리(3)가 풍부한 연어와 비타민 가득한 채소의 조화가 훌륭해요. 특히 숙성된 블랙올리브는 콜레스테롤을 낮추고 성인병 예방에도 효과가 있는 건강 식품으로 '지중해의 선물'이라 불리기도 해요. 블랙올리브는 샐러드나 파스타, 빵 등의 요리에 활용해도 좋고 그냥 먹어도 맛있어요.

1

양파는 채 썰고, 토마토와 올리브는 먹기 좋은 크기로 잘라요. 로즈마리도 몇 가닥 준비해요.

2

훈제 연어는 먹기 좋은 크기로 잘라요.

3

볼에 올리브유와 발사믹 식초, 레몬즙, 꿀, 소금, 후춧가루, 파슬리가루를 넣고 고루 섞어요.

4

손질한 채소와 연어에 드레싱에 넣고 버무려요.

5

바게트 빵은 0.7cm 두께로 잘라요.

6

슬라이스한 바게트 위에 훈제 연어와 양파, 토마토, 올리브를 골고루 올리고 로즈마리 잎으로 장식하면 완성.

미고렝

미고렝은 인도네시아의 전통 음식으로 고기나 해산물, 숙주 등
여러 가지 재료를 넣고 볶은 요리에요.
면을 좋아하는 친구들을 초대했을 때 만들어주면 인기 폭발이죠.

Recipe

2인분

에그누들 200g
냉동 새우 10마리
양파(소) 1개
소시지 2개
완두콩 ¼컵
숙주 두 줌
식용유 2큰술
달걀 2개
파슬리가루 약간

소스
굴소스 3큰술
간장 1큰술 반
올리고당 2큰술
칠리소스 3큰술
후춧가루 약간

1

새우는 물에 담가 해동하고, 양파와 소시지는 적당한 크기로 잘라요. 숙주는 깨끗이 씻어 물기를 빼고 완두콩은 미리 끓는 물에 데쳐요.

2

볼에 분량의 소스 재료를 넣고 잘 섞어요.

3

끓는 물에 에그누들을 2~3분 삶은 뒤, 찬물에 헹궈 체에 밭쳐요.

4

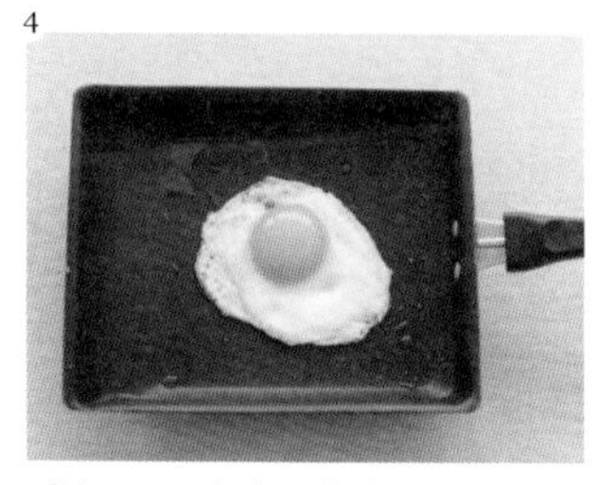

반숙으로 달걀프라이를 만들어요.

5

달군 팬에 식용유를 두르고, 양파, 소시지, 완두콩을 볶아요.

6

새우를 넣고 센 불로 볶아요.

7

재료가 볶아지면 삶아 둔 에그누들과 분량의 소스를 넣고 다시 볶아요.

8

숙주를 넣고 재빨리 볶다가 접시에 담고 달걀프라이를 올리면 완성.

에그누들은 반죽에 달걀이 들어있어 고소한 맛이 나는 볶음용 국수인데요.
에그누들을 구하기 어렵다면 쌀국수를 사용해도 좋아요.

홍합스튜

스튜는 온갖 재료를 넣고 오랫동안 푹 끓여 따끈하게 먹는 우리나라 찌개 같은 요리인데요. 홍합스튜를 만들때면 우리 집 부엌은 맛있는 냄새로 가득해집니다.

Recipe

홍합 1kg
양파 ½개
미니 파프리카 색깔별 1개씩
블랙올리브 약간
마늘 3~4쪽
토마토소스 1컵
물 1컵
치킨스톡 1개
올리브유 2큰술
화이트 와인 혹은 청주 1큰술
후춧가루 약간
바질잎 약간

치킨스톡을 이용할 경우, 해산물과 치킨스톡의 염분 때문에 따로 간을 하지 않아도 돼요. 치킨스톡을 생략할 경우엔, 소금을 넣어 간을 맞춰요.

1

홍합은 깨끗하게 씻은 후 물기를 빼요.

2

양파와 파프리카, 올리브는 잘게 다져요.

3

달군 냄비에 올리브유를 두르고, 편으로 썬 마늘을 볶아요.

4

홍합을 넣고 센 불로 볶다가 청주 1큰술을 넣어요.

5

토마토소스와 물, 치킨스톡을 넣고 잘 섞어가며 끓여요.

6

다진 채소와 후춧가루를 넣고 뚜껑을 닫아 한소끔 더 끓인 후 바질을 솔솔 뿌리면 완성.

유림치킨

남편 친구들이 갑자기 들이닥쳤을 땐 냉동식품의 도움을 살짝 받아요.
새콤달콤하고 매콤한 유림소스를 곁들이면 남편 어깨가 으쓱해지는 최고의 안주가 만들어져요.

2인분

치킨 텐더 10조각
무 100g
당근 ½개
숙주 두 줌
청양고추 2개
홍고추 1개

소스

간장 2큰술
식초 2큰술
설탕 1큰술
물 3큰술
고추기름 2큰술
청주 2큰술
후춧가루 약간

동글이의 Tip

치킨텐더 대신 닭가슴살이나 안심살을 이용할 경우, 닭고기에 청주 1큰술과 소금, 후춧가루를 넣어 밑간을 하고 잠시 재워 둡니다. 그런 다음 튀김가루와 빵가루를 골고루 입혀 주세요.

1

치킨텐더는 예열한 170도 오븐에서 바삭하게 익혀요.

2

그 사이 당근과 무는 가늘게 채 썰어요.

3

숙주는 끓는 물에 살짝 데쳐요.

4

냄비에 소스 재료와 고추를 넣고 끓인 뒤, 접시에 채썬 무, 당근, 데친 숙주를 올리고 그 위에 치킨과 소스를 듬뿍 올리면 완성.

찜닭

어릴 적 가족 모두가 모이는 주말이면 엄마는 찜닭을 상에 올리셨어요.
닭 한 마리로 온 가족이 배부르고 맛있게 먹었던 기억이 납니다.
손님을 초대했는데 마땅한 메뉴가 떠오르지 않는다면, 찜닭 어떠세요?

Recipe

토종닭 1마리(약 1.5kg)
감자 2개
당근 ½개
피망 ½개
양파 1개
대파 1대
당면 100g
청양고추 1개
홍고추 1개

양념

- 양조간장 100mL
- 설탕 3큰술
- 맛술 2큰술
- 물 150mL
- 매실청 1큰술
- 다진 마늘 1큰술
- 후춧가루 1작은술
- 통깨 약간

1

닭은 깨끗이 손질한 다음, 양념을 만들어 30분~1시간 재워요.

2

감자, 당근, 양파, 피망, 대파, 청양고추와 홍고추는 먹기 좋은 크기로 잘라요.

3

재워 둔 닭과 양념물, 당근, 감자를 냄비에 넣고 푹 끓여요.

4

그 사이 당면은 삶아서 물기를 빼요.

5

감자와 당근이 어느 정도 익으면, 양파와 파프리카, 고추를 넣어요.

6

수분이 어느 정도 날아가면 대파를 넣어요.

7

마지막으로 당면을 넣고 한소끔 끓이면 완성. 접시에 담아 통깨를 뿌려요.

찜닭을 먹고 남은 국물과 건더기에 밥을 넣어 국자로 꾹꾹 눌러가며 볶아 먹으면 맛있어요!

레몬드레싱 크랜베리 샐러드

무뚝뚝한 오빠 한 명밖에 없던 저는 늘 자매가 있는 친구들이 부러웠는데, 결혼을 하면서 저에게도 예쁜 여동생이 생겼어요. 유난히 사이좋은 시누이와 나. 오늘은 그녀가 좋아하는 샐러드를 준비합니다.

Recipe

어린잎 채소 1팩
오이 1개
건크랜베리 2큰술

드레싱
- 레몬주스 3큰술
- 올리브유 1큰술
- 홀그레인머스터드 1작은술
- 레몬제스트 1큰술
- 꿀 약간
- 허브가루 1작은술
- 후춧가루 ⅓작은술
- 소금 약간

1

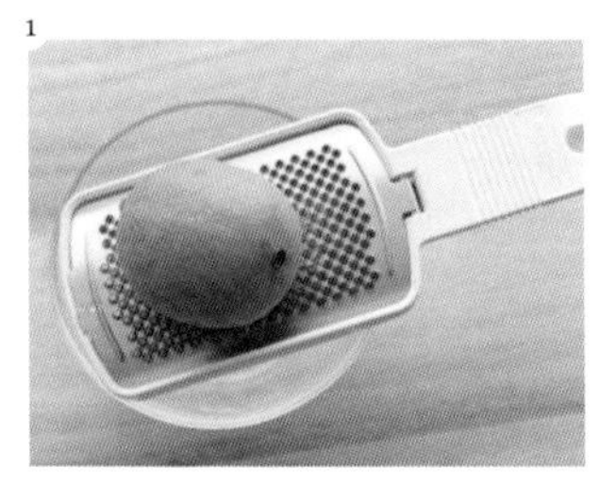

레몬은 베이킹 소다로 문질러 깨끗이 씻은 뒤, 껍질을 강판에 갈아 레몬 제스트를 만들어요.

2

볼에 드레싱 재료를 모두 넣고 잘 섞어요.

3

어린잎 채소는 깨끗이 씻어 체에 밭쳐 물기를 빼요.

4

오이는 필러를 이용해 얇게 슬라이스해요. 접시에 어린잎 채소와 크랜베리를 담고, 주변에 얇게 슬라이스한 오이로 장식해요. 드레싱은 먹기 직전 뿌려요.

샐러드용 채소는 깨끗이 씻어서 물기를 제거해 채반에 담은 후 그 위에 물수건이나 젖은 키친타월을 덮어 냉장고에 보관하고 손님상에 올리기 직전에 꺼내요. 이렇게 보관한 채소는 아삭할 뿐 아니라 소스를 뿌렸을 때 물이 생기지 않아요.

카프리제 샐러드

토마토와 생모차렐라 치즈만 있으면 쉽고 간편하게 만들 수 있어요. 와인과도 잘 어울리는데요. 결혼기념일같이 남편과 오붓하게 보내고 싶은 날, 쉽게 만들어 분위기 있게 즐겨 봐요.

Recipe

생모차렐라 치즈 125g
토마토 2개
어린잎 채소 한 줌
아몬드 슬라이스 약간
바질가루 약간

드레싱

엑스트라버진 올리브유 2큰술
발사믹 식초 1큰술
설탕 1작은술
소금 약간
후춧가루 약간

카프레제샐러드에는 생모차렐라 치즈를 사용해야 맛있어요. 모차렐라 치즈는 원래 물소 젖으로 만들었지만 요즘엔 우유로도 많이 만들어요. 숙성 과정 없이 열을 가해 만들기 때문에 치즈 특유의 향이 적고 담백한 맛이 특징이랍니다.

1

어린잎 채소는 깨끗이 씻어 물기를 제거해요.

2

모차렐라 치즈와 토마토는 얇게 슬라이스 해요.

3

작은 볼에 올리브유와 발사믹 식초, 설탕, 소금, 후춧가루를 넣고 잘 섞어요.

4

접시에 모차렐라 치즈와 토마토를 한 겹씩 엇갈리게 놓고 바질 가루를 솔솔 뿌려요. 그 옆에 어린잎 채소와 아몬드 슬라이스를 담아요. 드레싱은 먹기 직전에 뿌려요.

매운 닭꼬치 & 통마늘구이

꼬치는 초보자들도 쉽게 만들 수 있는 요리 중 하나에요.
매콤하게 양념한 닭꼬치와 함께 먹는 통마늘은 참 고소해요.
집들이 상차림이나 간단한 손님상에 올라가는 단골 메뉴랍니다.

Recipe

닭가슴살 400g
양송이버섯 3개
대파 2대
소금 약간
후춧가루 약간
청주 1큰술

양념
- 두반장 3큰술
- 핫소스 1큰술
- 간장 1큰술
- 매실청 1큰술
- 청주 1큰술
- 다진 마늘 1큰술
- 다진 생강 ½작은술
- 설탕 1작은술

통마늘구이
- 통마늘 4개
- 올리브유 4큰술
- 로즈마리 약간
- 소금 약간
- 후춧가루 약간

1

닭고기는 한입 크기로 잘라 소금과 후춧가루, 청주를 넣고 재워요.

2

양념 재료를 모두 넣고 양념장을 만들어요.

3

밑간을 한 닭고기에 양념장을 붓고, 골고루 섞은 다음 30분간 재워요.

4

양송이버섯은 껍질을 얇게 벗겨내고 2등분으로 잘라요. 대파는 2~3cm 크기로 잘라요.

5

통마늘은 껍질을 벗기지 않은 채로 물에 씻어 불순물을 제거한 다음, 윗부분을 조금 자르고, 쿠킹 호일 위에 올리고, 올리브유, 소금, 후춧가루, 로즈마리를 뿌린 뒤 잘 오므려요.

6

양념이 닭고기에 잘 배면, 꼬치에 양송이버섯, 대파와 함께 교대로 꽂아요.

7

오븐 팬 위에 그릴을 올리고, 그 위에 닭꼬치와 쿠킹 호일로 감싼 통마늘을 가지런히 올린 뒤 예열한 180도 오븐에서 20분~25분간 구워요.

오징어탕수

중국집 요리의 하이라이트는 바로 탕수육이죠.
요즘은 돼지고기뿐 아니라 쫄깃한 오징어로 만든 탕수육도 인기가 많은데,
직접 만들어 손님상에 내놓으면 열렬한 환호를 받아요.

Recipe

오징어 2마리
피망 ½개
빨간 파프리카 ½개
노란 파프리카 ½개
양파 ½개
목이버섯 약간
소금 ½작은술
후춧가루 ½작은술
맛술 1큰술
튀김가루 3큰술

튀김옷
튀김가루 1컵
전분가루 ½컵
찬물 100mL
파슬리가루 1큰술

탕수소스
식초 3큰술
간장 2큰술
찬물 1컵
매실청 1큰술
설탕 5큰술
전분물(전분 2큰술, 찬물 4큰술)

1

오징어는 깨끗이 손질해서, 먹기 좋은 크기로 자른 뒤 소금, 후춧가루, 맛술을 넣고 밑간을 해요.

2

목이버섯은 따뜻한 물에 불리고, 양파와 피망, 파프리카는 한입 크기로 썰어요.

3

볼에 튀김옷 재료를 넣고 잘 섞어요.

4

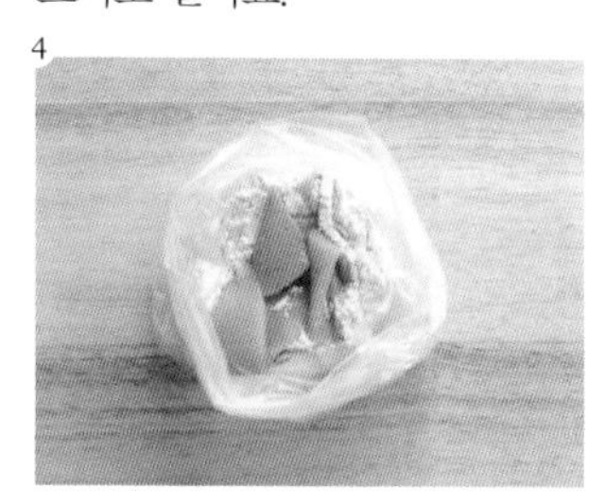

1회용 비닐봉지에 튀김가루 3큰술을 넣고 오징어를 넣은 뒤 흔들어서 튀김가루를 묻혀요.

5

튀김가루를 묻힌 오징어에 허브 튀김옷을 입혀요.

6

적당한 온도로 올라간 기름에 오징어를 넣고 바삭하게 튀겨요.

7

오징어는 바삭하게 2번 튀긴 후 키친타월에 올려 기름을 빼요.

튀김옷에 얼음물을 섞으면 더욱 바삭한 튀김이 되는데, 미리 넣지 말고 튀기기 직전에 얼음을 넣어 주세요. 그래야 튀김옷의 농도에 변화가 없고, 차가운 온도는 그대로 유지돼 튀김이 바삭해진답니다. 또한 높은 온도에서 단시간에 두 번 정도 튀겨야 바삭함이 오래 유지돼요.

8

팬에 분량의 식초, 간장, 매실청, 설탕, 물을 붓고 끓이다가 전분물을 넣고 섞어요.

9

소스가 걸쭉해지면 준비한 채소와 목이버섯을 넣고 익혀주면 완성.

부모님 생신 상차림

하늘 아래 그 무엇을 부모님의 희생, 정성, 사랑과 비교할 수 있을까?
결혼해서 독립하니, 부모님 생각에 마음 한구석이 짠해질 때가 많다.
아무 생각 없이 뱉었던 말 한마디, 철없이 굴었던 행동 하나하나가 모두 후회된다.
이제야 조금씩 철이 드나 보다.
늘 넓은 마음으로 부족한 며느리를 사랑으로 보듬어주시는 어머니.
생각만으로도 눈물 나고 가슴 시린 친정엄마.
오늘은 부모님의 은혜를 밥 한 공기만큼이라도 갚아보려 한다.
어머니 그리고 엄마! 늘 건강하시고 오래도록 저희와 함께 해주세요. 사랑합니다!

소고기미역국
단호박영양밥
훈제연어롤
무화과닭가슴살샐러드
전복장조림
떡갈비
낙지연포탕
도토리묵무침

소고기미역국

생신상에 절대 빠질 수 없는 미역국. 결혼 후 처음 준비했던 어머니 생신상이 떠올라요.
만만해 보여도 미역 양을 맞추는 게 쉽지 않거든요. 마른미역을 물에 불리면 그 부피가 10배나 되니까요.

Recipe

- 불린 미역 1컵
- 소고기 양지머리 150g
- 간장 1큰술 반
- 소금 약간
- 참기름 1큰술
- 다진 마늘 1큰술
- 물 1L

미역은 피를 맑게 해주고 칼슘이 풍부해서 골다공증 예방을 비롯한 뼈 건강에 좋은데요. 미역국을 끓일 때는 파를 넣으면 안돼요. 파가 칼슘 흡수를 방해하기 때문이죠. 국간장으로만 간을 맞추면 국물 색이 너무 진해지니 소금을 적절히 이용하고, 짠맛은 뜨거우면 무뎌지므로 국을 불에서 내린 뒤 간을 맞추는 게 좋아요.

1

미역은 적당히 불려 먹기 좋은 길이로 잘라요.

2

냄비에 참기름을 두르고 소고기를 볶아요.

3

소고기가 어느 정도 볶아지면 미역을 넣고 볶아요.

4

물과 다진 마늘을 넣고 센불로 끓여요.

5

미역국이 끓어 오르면 간장을 넣고 약한 불로 줄여 20분 정도 끓인 뒤, 마지막으로 간을 보고 부족한 간은 소금으로 마무리해요.

단호박영양밥

단호박을 잡곡이나 견과류와 함께 조리하면 영양 섭취율이 높아져요.
게다가 성인병 예방, 눈 건강에도 도움이 된다니 사랑하는 부모님께
요리해드리고 싶은 마음이 절로 생겨요.

Recipe

단호박 1통
현미 + 백미 1컵
검은콩 1큰술
천일염 두꼬집
대추 3~4개
밤 7~8개
잣 약간
호박씨 약간

양념장

- 간장 2큰술
- 고춧가루 1큰술
- 다진파 2큰술
- 다진 마늘 ½큰술
- 청양고추 1개
- 참기름 1큰술
- 통깨 1큰술

보통 쌀과 밥 물을 동량으로 넣으면 고슬고슬 맛있는 밥이 되는데요. 영양밥의 경우 쌀을 불리지 않았을 땐 쌀 1컵에 물 1과 ¼컵을 넣으면 얼추 맞아요. 반대로 쌀을 오래 불렸다 삶을 땐 물의 양을 조금 줄여야 쌀알에 탄력이 생겨 맛있답니다.

1

일반 쌀과 현미, 현미찹쌀을 섞으면 더 찰지고 맛있어요.

쌀과 검은콩은 미리 충분히 불려요.

2

불린 쌀에 준비한 부재료와 천일염을 넣고 밥을 지어요.

3

밥이 될 동안 미리 양념장 재료를 섞어 준비해요.

4

단호박을 전자레인지에 살짝 돌리면 속을 파내기가 수월해요.

밥이 거의 다 되어갈 쯤 단호박은 윗부분을 뚜껑처럼 잘라내고, 숟가락으로 속을 파요.

5

속을 파낸 단호박에 지어놓은 밥을 가득 넣어요

6

찜통에 넣어 약 30분간 찌면 완성.

Afternoon Tea

훈제연어롤

훈제 연어에 채소를 돌돌 말아 만든 연어롤! 알록달록한 색감과 모양도 예쁘지만 담백한 연어와 아삭한 채소가 꽤 잘 어울려요. 부모님 생신상에 올리면 센스 만점 딸이자 며느리로 점수 좀 받지 않을까요?

Recipe

훈제 연어 슬라이스 400g
적양파 1개
케이퍼 2큰술
무순 약간
파프리카 약간
오이 약간

드레싱
마요네즈 3큰술
머스터드 2큰술
설탕 1작은술
후춧가루 약간
허브가루 약간

해산물로는 드물게 연어에는 비타민 A와 D가 들어 있어요. 위장을 따뜻하게 해 혈액 순환을 촉진하므로 체력이 약한 사람에게 좋고, 다크 서클을 완화할 정도로 피부 미용에도 좋답니다.

1

슬라이스된 냉동 훈제연어는 실온에 두고 적당히 해동해요.

2

적양파, 파프리카, 오이는 얇게 채썰고 무순은 깨끗이 씻은 후 물기를 빼서 준비해요.

3

훈제연어 슬라이스에 채 썬 양파와 파프리카, 무순, 오이, 케이퍼를 가지런히 넣고 돌돌 말아주면 완성.

무화과 닭가슴살 샐러드

어릴 적 어머니 댁에는 무화과나무가 많이 심어져 있어, 자주 따먹었다는 이야기를 들은 적이 있어요.
무화과처럼 달콤한 어머니의 유년기 추억을 떠올리게 할 무화과닭가슴살샐러드를 준비했어요.

Recipe

훈제 닭가슴살 1캔
무화과 2개
새싹 채소 1팩
브로콜리 ⅓개

드레싱

간장 3큰술
다진 양파 ½개
올리브유 1큰술
아가베 시럽 1큰술
식초 2큰술
후춧가루 1작은술

양파의 매운맛이 부담스러우면 양파를 다지기 전에 채 썬 상태로 차가운 물에 담가두면 매운맛이 중화된답니다.

1

훈제 닭가슴살 캔은 미리 개봉해 체에 밭쳐 물기와 기름기를 충분히 빼줍니다.

2

새싹 채소는 깨끗이 씻어 체에 밭치고, 브로콜리는 한입 크기로 잘라 미리 데쳐요.

3

무화과는 먹기 좋은 크기로 잘라요.

4

볼에 드레싱 재료를 넣고 섞어요.

5

접시에 새싹 채소와 브로콜리, 무화과, 닭가슴살을 담고 드레싱을 골고루 뿌리면 완성.

전복장조림

전복이 제철을 맞으면, 엄마는 간장 양념으로 전복 장조림을 하셨어요. 달큼하면서도 쫄깃한 맛이 얼마나 좋던지. 엄마의 비법 그대로 지금은 제가 부모님을 위한 영양식으로 준비합니다.

전복 7~8개
실파 2대
통깨 약간
참기름 1큰술

양념장

- 간장 2큰술
- 물 1컵
- 올리고당 1큰술
- 설탕 1작은술
- 다진 마늘 1작은술

전복은 솔로 깨끗하게 씻어 숟가락으로 껍질과 분리해요. 그런 다음, 살과 내장을 분리하고, 전복입과 전복이빨을 제거합니다. 내장은 버리지 말고 죽을 쑤면 맛있어요.

1

전복은 깨끗이 씻어 내장과 전복입, 전복이빨을 제거한 뒤 칼집을 내요.

2

실파는 송송 썰어요.

3

볼에 양념장 재료를 모두 넣고 잘 섞어요.

4

냄비에 전복을 켜켜이 깔고, 양념장을 넣어 보글보글 끓여요. 양념을 전복에 끼얹으면서 조리다가 국물이 자작해지면 참기름을 넣고 통깨를 뿌리면 완성.

떡갈비

결혼 후, 어머니와 처음으로 함께 한 여행. 떡갈비로 유명한 담양에 갔어요. 입안에서 살살 녹던 그 맛이 아직도 입가에 맴돌아요. 지금도 떡갈비를 할 때면 그 추억이 새록새록 떠올라요.

Recipe

소고기 다짐육 300g
돼지고기 다짐육 200g
떡볶이 떡 15개
다진 땅콩 약간
식용유 약간

양념

- 간장 6큰술
- 올리고당 2큰술
- 매실청 2큰술
- 설탕 1큰술
- 양파즙 3큰술
- 다진 마늘 1작은술
- 청주 2큰술
- 후춧가루 약간
- 참기름 2큰술

프라이팬보다 뜨겁게 달군 석쇠에 떡갈비를 얹어 노릇하게 구운 다음 양념장을 발라 다시 약한 불에서 구우면 불 맛이 가미되어 더 좋아요.

1

돼지고기 다짐육과 소고기 다짐육을 준비해요.

2

작은 볼에 양념 재료를 모두 넣고 잘 섞어요.

3

돼지고기와 소고기 다짐육에 양념을 넣고 끈기가 생길 때까지 계속 치대줍니다.

4

양념한 고기를 소량씩 덜어 직사각형 모양으로 만든 뒤, 끓는 물에 살짝 데친 떡볶이 떡을 가운데 놓고 잘 말아요.

5

달군 팬에 식용유를 두르고, 중불에서 떡갈비를 앞뒤로 노릇하게 구운 다음, 다진 땅콩이나 다진 잣을 솔솔 뿌려주면 완성.

낙지연포탕

낙지는 바다에서 나는 대표적인 스태미나 식품입니다.
낙지연포탕은 양념을 최소한으로 줄이고 재료 본연의 맛을
최대한 살리는 게 포인트에요.

Recipe

낙지 3마리
무 50g
애호박 ⅓개
양파 ¼개
대파 ½대
청양고추 1개
홍고추 1개
다진 마늘 1작은술
표고버섯 2개
멸치 육수 5컵
소금 1작은술

●낙지는 굵은 소금이나 밀가루로 손질해야 빨판의 뻘이 잘 벗겨져요. 또한 낙지를 넣고 너무 오래 끓이지 말아야 질기지 않고 쫄깃한 맛을 즐길 수 있어요.
●사용하고 남은 애호박은 물기를 닦아 신문지에 싸서 냉장고에 보관하면 신선도가 오래 유지된답니다.

1

낙지는 밀가루 2큰술을 넣고 조물조물 문지른 뒤 흐르는 물에 2번 깨끗하게 씻어요.

2

냄비에 물을 붓고 다시마와 건새우, 멸치를 넣고 육수를 내요.

3

무는 나박 썰고, 애호박은 얇게 썰어 2등분해요. 대파와 홍고추, 청양고추는 어슷하게 썰어요. 양파는 채 썰고, 표고버섯은 칼집을 내줍니다.

4

다시마와 멸치, 건새우는 건져내고 무와 애호박, 표고버섯을 넣고 끓여요.

5

무가 익으면 낙지를 넣어요.

6

뒤이어 대파, 청양고추, 홍고추를 넣고 다진 마늘과 간장 소금을 넣어 간을 맞추면 완성.

도토리묵무침

산을 좋아하시는 어머니를 따라 두세 시간 등산한 뒤 막걸리 한잔과 함께 먹는 도토리묵무침은 최고죠. 보들보들한 식감이 좋고, 소화가 잘되며, 채소를 듬뿍 먹을 수 있어 샐러드 대신 식탁에 올려도 좋아요.

Recipe

도토리묵 한 모
베이비 채소 한 줌
새싹 채소 한 줌

양념장

- 간장 2큰술
- 고춧가루 1큰술
- 식초 1큰술
- 매실청 1큰술
- 올리고당 1큰술
- 다진 마늘 ⅓큰술
- 참기름 1큰술
- 통깨 약간

●베이비 채소는 여러 가지 채소의 어린 잎을 일컫는데요. 다 자라기 전이라 부드럽고 순한 반면, 영양 성분은 똑같기 때문에 가볍게 먹기 좋아요.

●묵은 상하기 쉬운 재료 중 하나로 구입한 후 바로 먹는 게 좋아요. 냉장고에 보관하면 딱딱하게 굳기 쉬운데, 이럴 땐 끓는 물에 살짝 데치면 다시 보들보들해진답니다.

1

도토리묵은 묵 칼로 먹기 좋은 크기로 잘라요.

2

베이비 채소와 새싹 채소는 깨끗이 씻어 물기를 제거해요.

3

양념장 재료를 모두 섞어 양념장을 만들어요.

4

접시에 채소와 도토리묵을 보기 좋게 듬뿍 담고, 양념장을 골고루 뿌려주면 완성.

정성 가득
명절 요리

결혼 전에는 결코 이해되지 않던 단어가 있다. 바로 명절증후군.
그도 그럴 것이 친가와 외가를 통틀어 막내로 자란 나는 명절은 단지 맛있는 음식을
배불리 먹는 날에 불과했으니까. 먼저 결혼한 친구의 불평이나 TV 드라마에 나오는 며느리의 하소연도
내게는 멀기만 한 남의 일이었다. 그런데 결혼 후 처음 맞이한 명절.
할 줄 아는 것이라곤 라면 끓이는 게 전부였던 내게 첫 명절은 초긴장 그 자체였다.
그저 어머니 옆에서 재료를 손질하고, 전 부치는 게 고작이었지만 어찌나 떨리고 긴장되던지.
아마도 내 실체가 탄로 날까 전전긍긍했던 것 같다. 요리가 익숙해진 지금도 명절이면 나는 여전히
어머니의 든든한 조수다. 명절이야말로 어머니의 깊은 손맛을 어깨너머로 배울 수 있는
절호의 기회라 생각하니 명절 증후군 따위는 이제 하나도 두렵지 않다.

소갈비찜
잡채
동그랑땡
생선전
산적꼬치
참치깻잎전
삼색나물
수정과
약식

소갈비찜

명절에 빠지면 섭섭한 고기 요리가 바로 소갈비찜 아닐까요?
오래 끓이고 정성이 듬뿍 들어간 만큼 맛도 일품이지요.
음식은 들인 정성 만큼 맛이 나는 법이니까요.

Recipe

갈비 1kg
무 5cm 1토막
당근 ½개
밤 10개
대추 8개
마늘 5쪽
잣 1큰술
실고추 약간

양념장
- 배 ½개
- 양파 1개
- 다진 마늘 ⅓컵
- 양조 간장 120mL
- 다진 생강 ½큰술
- 매실청 3큰술
- 설탕 3큰술
- 후춧가루 1작은술
- 참기름 1작은술

소갈비에는 기름기가 많기 때문에 손질을 잘 해야 느끼하지 않고 담백하게 즐길 수 있어요. 또 칼집을 잘 내야 단시간에 양념이 고르게 밴답니다. 양념할 때는 배나 키위, 파인애플 등 연육 작용을 하는 재료에 재워야 질기지 않고 부드러워요.

1

소갈비는 찬물에 반나절 이상 담가 핏물을 빼요.

2

배와 양파는 적당한 크기로 잘라, 믹서기에 생강, 마늘, 설탕을 함께 넣고 곱게 갈아요.

3

2에 간장과 매실청, 후춧가루, 참기름을 넣고 잘 섞어 양념장을 만들어요.

4

핏물을 뺀 소갈비에 양념을 붓고 골고루 섞은 뒤 30분 정도 재워 숙성시켜요.

5

그 사이, 밤은 껍질을 벗기고, 당근과 무는 밤과 같은 크기로 잘라 모서리를 둥글게 깎아요.

6

재워둔 갈비에 손질한 채소와 대추, 밤을 넣고 1시간 정도 조리면 완성. 접시에 담아 실고추와 잣을 올려요.

잡채

예나 지금이나 잔칫상, 손님상에 빠지지 않는 음식이 바로 잡채에요.
원래 당면 없이 갖은 채소와 버섯, 소고기를 듬뿍 넣고 만들었다고 하는데요.
당면은 조금만 넣고 채소를 많이 넣어 만들면 옛 맛을 살릴 수 있어요.

Recipe

당면 150g
시금치 ½단
양파 1개
당근 5cm
소고기 100g
표고버섯 3개
어묵 2장
빨강 파프리카 ½개
노란 파프리카 ½개
통깨 1큰술
참기름 1큰술
식용유 약간

당면 밑간
- 간장 4큰술
- 설탕 1큰술 반
- 참기름 1큰술

고기 밑간
- 간장 1큰술
- 설탕 1작은술
- 맛술 1작은술
- 참기름 1작은술
- 다진 마늘 ½작은술
- 후춧가루 약간

시금치 양념
- 소금 약간
- 참기름 1작은술

마른 당면을 바로 삶으면 익히는 데 다소 시간이 걸리고 골고루 익지 않기 때문에 미지근한 물에 미리 불렸다가 삶는 게 좋아요. 또한 잡채는 번거롭기는 해도 재료의 특성에 맞게 각각 볶고, 데치고, 삶으면서 맛을 낸 뒤 합쳐야 더 맛있지요.

1

당근, 양파, 파프리카, 표고버섯, 어묵은 채 썰고, 소고기는 분량의 양념을 넣고 15분간 재워요.

2

시금치는 끓는 물에 데쳐 물기를 빼고 소금과 참기름으로 간을 맞춰요.

3

달군 팬에 식용유를 두르고, 양파를 볶아요.

4

파프리카와 당근을 넣고 볶은 뒤, 접시에 잠시 덜어둡니다.

5

양념한 소고기는 물기 없이 바싹 볶아요.

6

고기 역시 다른 접시에 덜어두고, 표고버섯과 어묵을 볶아요.

7

당면은 끓는 물에 삶은 뒤 물기를 빼고 분량의 양념을 넣고 밑간을 해요.

8

밑간한 당면에 준비해둔 재료를 한곳에 담아 통깨와 참기름을 넣고 조물조물 무쳐요. 부족한 간은 소금으로 맞춰요.

동그랑땡

지글지글 기름 냄새가 풍겨야 명절 기분이 제대로 들죠? 명절 때마다 전 부치기는 언제나 제 담당! 동그랑땡은 부쳐 놓기 무섭게 남편이 옆에서 홀라당 집어 먹어요. 바로 구워서 먹는 그 맛을 아니까 야속해도 웃고 말지요.

Recipe

돼지고기 다짐육 300g
소고기 다짐육 300g
두부 250g
양파 1개
당근 ½개
실파 2~3대
소금 1작은술
참기름 1큰술
후춧가루 1작은술
달걀 1개
식용유 적당량

고기 밑간
- 다진 마늘 1큰술
- 맛술 1큰술
- 소금 1작은술
- 참기름 1작은술
- 후춧가루 약간
- 생강즙 1큰술

1

돼지고기와 소고기 다짐육에 밑간을 해서 재워요.

2

두부는 촘촘한 면보나 키친타월을 이용해서 물기를 빼요.

3

두부는 칼 옆면으로 으깨고 당근, 양파, 실파는 곱게 다져요.

4

밑간을 해둔 고기에 당근, 실파, 양파, 두부, 달걀 1개를 넣고 잘 버무려 반죽을 해요.

5

한입 크기로 둥글 넙적하게 빚어요.

6

동그랑땡에 밀가루-달걀물을 입혀요

7

달군 팬에 식용유를 두르고, 약불에서 앞뒤로 노릇하게 부치면 완성.

동그랑땡은 소고기와 돼지고기를 반반씩 섞으면 더 부드럽고 고소해요.
두부는 고기 양의 반이 넘지 않게 넣어야 균형이 맞지요.
또 약불로 오래 은근하게 익혀야 속까지 잘 익어요.

생선전

노릇하게 부쳐낸 동태전은 차례상이나 제사상에 빠지지 않은 음식 중 하나에요.
보기 좋은 음식이 맛도 좋다는 말이 있듯이, 예쁘게 부쳐낸 전은 더 먹음직해 보이죠.

Recipe

동태살 250g
소금 약간
후춧가루 약간
부침가루 ¼컵
달걀 2개
맛술 1작은술
식용유 약간

동태는 명태를 겨울에 잡아 냉동시킨 것으로 살이 희고 다른 생선에 비해 비린내가 덜 나죠. 주로 냉동된 상태로 판매하는데, 해동한 후 키친타월로 눌러 물기를 없애야 전이 질척이지 않아요.

1

동태살은 미리 실온에 꺼내두고, 키친타월로 물기를 닦은 뒤 소금과 후춧가루를 뿌려요.

2

볼에 달걀을 풀어 알끈을 제거하고 맛술이나 청주를 1작은술 넣어 잘 저어요.

3

밑간을 한 동태포에 부침가루를 골고루 입힌 뒤 살살 털어주고, 달걀옷을 입혀요.

4

달군 팬에 식용유를 두르고 앞뒤로 노릇하게 부치면 완성.

산적꼬치

색이 고운 산적꼬치. 갖가지 재료 본연의 맛이 살아있고, 하나씩 빼먹는 재미가 쏠쏠하죠?
집집마다 재료는 다르지만, 소고기와 파, 버섯을 기본으로 가족이 좋아하는 재료를 한두 가지 더 추가해요.

Recipe

소고기 우둔살 200g
당근 ⅓개
느타리버섯 한 줌
대파 2대
쪽파 흰부분 5~6대
밀가루 2큰술
달걀 1개
식용유 약간

소고기 밑간

간장 1큰술 반
올리고당 1작은술
다진 마늘 1작은술
맛술 1큰술
소금 약간
후춧가루 약간

1

소고기는 반대결로 7cm 길이로 썰어 밑간을 해요. 당근과 느타리버섯, 대파, 쪽파 흰대는 6cm 길이로 잘라요.

2

준비한 재료를 차례로 꼬치에 꽂아요.

3

꼬치 뒷면에만 밀가루를 묻히고 가볍게 털어 달걀물을 골고루 입혀요.

4

달군 팬에 식용유를 두르고, 앞뒤로 노릇하게 구우면 완성.

밀가루는 산적 뒷면에만 발라요. 그래야 알록달록한 재료의 색감이 잘 살아요. 또한 산적에 들어가는 고기는 익으면서 길이가 짧아지기 때문에 다른 재료들보다 1cm 정도 길게 손질해야 해요.

참치깻잎전

명절이면 빠질 수 없는 전 요리. 매번 비슷한 전이 조금 지루하다면 이번 명절에는 향긋한 깻잎에 담백한 참치를 넣어 부쳐 보세요.

Recipe

- 참치(참치캔) 300g
- 깻잎 20장
- 부침가루 100g
- 달걀 4개
- 양파 ½개
- 소금 ½작은술
- 후춧가루 1작은술
- 레몬즙 1큰술
- 식용유 적당량

전을 속까지 골고루 익히려면 달군 프라이팬에 넉넉한 양의 식용유를 두르고 중불이나 약불에서 은근히 지져야 해요. 센불에서는 재료 겉만 타고 속이 익지 않을 수 있거든요. 또 전을 부친 후에는 넓은 채반에서 한 김 식힌 후 접시에 담아야 눅눅해지지 않는답니다.

1

깻잎은 깨끗이 씻어서 물기를 빼고, 참치는 체에 밭쳐 기름을 제거해요.

2

볼에 참치, 다진 양파, 소금, 후춧가루, 레몬즙을 넣고 잘 섞어요.

3

깻잎 앞뒤로 부침가루를 골고루 묻히고, 깻잎 위에 참치소를 반만 얹고 접어요.

4

앞뒤로 달걀물을 골고루 입혀요.

5

식용유를 두른 팬에서 노릇하게 구우면 완성.

삼색나물

추석 음식 중 제가 제일 좋아하는 게 바로 나물이에요. 흰 나물, 갈색 나물, 푸른 나물을 함께 담아내는 게 기본인데요. 도라지, 고사리, 시금치를 조물조물 무쳐서 내놓으면 식탁이 풍성하고 화사해지죠.

Recipe

고사리

삶은 고사리 두 줌, 다진 마늘 1작은술, 참기름 1큰술, 간장 1큰술, 소금 한꼬집, 육수 ½컵, 다진 실파 약간, 통깨 약간

도라지

도라지 두 줌, 육수 ½컵, 소금 ½작은술, 다진 마늘 1작은술, 다진 실파 2큰술, 참기름 1큰술, 후춧가루 약간, 통깨 약간

시금치

데친 시금치 두 줌, 소금 1작은술, 다진 파 2큰술, 참기름 1큰술, 통깨 약간

1

도라지는 미지근한 물에 불려 젓가락 굵기로 찢은 후 굵은 소금을 뿌려 바락바락 주물러 잠시 두었다가 물에 헹구면 아린 맛을 없앨 수 있어요.

2

달군 팬에 참기름을 두르고 도라지를 볶다가 다진 마늘과 육수를 넣고 끓여요.

3

도라지가 익으면 다진 실파와 통깨를 넣고 골고루 섞어요.

4

말린 고사리는 미지근한 물에 불려 부드럽게 삶아서 식혔다가 먹기 좋은 크기로 썰어요.

5

달군 팬에 참기름을 두르고, 고사리, 간장, 다진 마늘을 넣고 조물조물 양념해서 볶다가 육수를 자작하게 붓고 끓여요.

6

국물이 졸아들면 다진 실파와 통깨를 넣어요.

7

시금치는 깨끗하게 손질해서 씻은 다음, 끓는 소금 물에 넣고 불을 꺼요. 위아래로 뒤적였다가 건져 찬물에 헹궈요.

8

시금치의 물기를 꼭 짜고 소금, 다진 파, 참기름, 통깨를 넣고 조물조물 무치면 완성.

나물 볶을 때, 육수를 넣어 삶듯이 볶으면 맛이 담백하고 씹는 느낌이 한결 부드러워져요.

수정과

친정엄마는 가족이 많이 모이는 명절이나 행사 때엔 후식으로 수정과와 식혜를 만드셨어요.
저는 그중에서도 알싸하고 향긋한 수정과를 참 좋아했어요. 대추와 잣, 곶감을 동동 띄워 먹는 그 맛이란!

Recipe

생강 50g
통계피 40g
물 12컵
흑설탕 4~5큰술
잣 약간
대추 약간

생강과 계피를 한꺼번에 넣고 끓이는 것보다 따로 끓인 뒤 합쳐야 각각의 향과 맛이 더 잘 살아요.

1

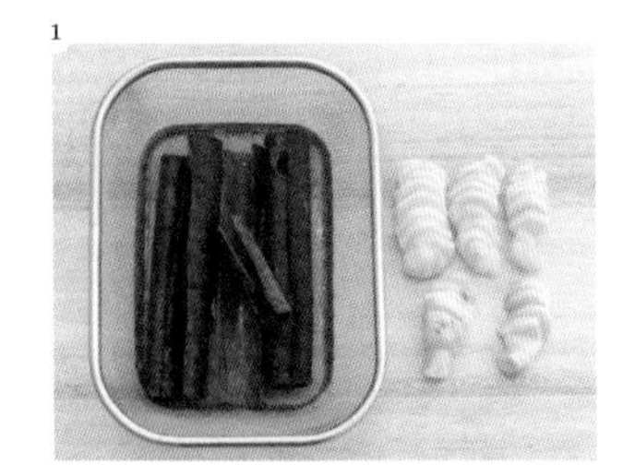

생강은 껍질을 벗겨 얇게 저미고, 통계피는 깨끗하게 씻어요.

2

냄비에 물 6컵과 얇게 저민 생강을 넣고 30분간 끓여요.

3

다른 냄비에 물 6컵과 계피를 넣고 50분간 끓여요.

4

면보나 거름망을 사용해서 생강과 계피를 말끔하게 걸러내고 생강물과 계피물을 합친 다음, 흑설탕 4큰술을 넣고 10분간 보글보글 끓여주면 완성.

약식

설날이나 추석에 빠지지 않은 전통 음식 중 하나가 바로 약식이죠.
약식은 병을 고쳐주고 몸을 이롭게 하는 음식이라는 의미가 있는데요.
시댁에서는 명절 때마다 약식을 넉넉히 만들어 나눠주신답니다.

Recipe

찹쌀 3컵
밤 10개
다진 호두 2큰술
아몬드 1큰술
호박씨 1큰술
잣 1큰술
건포도 1큰술
대추 3개
참기름 1큰술

양념
물 300mL
진간장 5큰술
계피가루 ½큰술
설탕 5큰술
배즙 3큰술
식용유 1큰술

1

찹쌀은 미리 물에 2시간 이상 불려요.

2

밤은 껍질을 벗겨 이등분으로 자르고, 견과류와 건포도, 대추를 준비해요.

3

냄비에 물과 진간장, 계피가루, 설탕, 배즙을 넣고 보글보글 끓여요.

4

밥솥에 불린 쌀을 넣고, 견과류와 건포도를 올려요.

5

찹쌀이 푹 잠길 정도로 간장물을 붓고, 식용유를 넣어 잘 섞은 뒤 만능찜 혹은 취사 버튼을 눌러요.

6

고슬고슬 익은 약식에 잣과 대추, 참기름을 넣고 주걱으로 잘 섞어요.

7

그릇에 담아 식히거나 동그란 모양을 만들어주면 완성.

약식은 완전히 식힌 뒤, 먹기 좋은 크기로 잘라 랩을 씌워 냉동실에 보관하면 간식으로 언제든지 먹을 수 있어요.

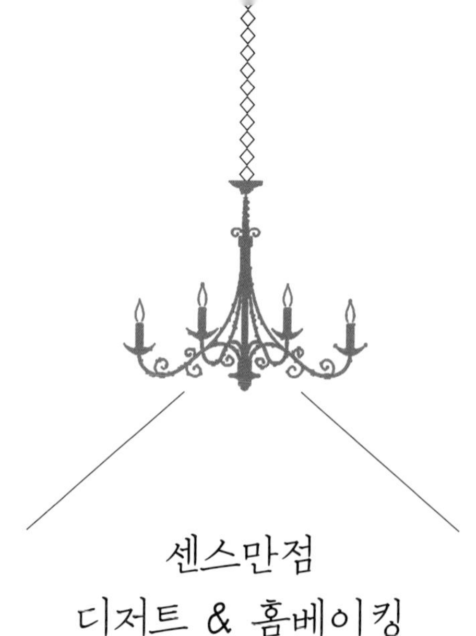

센스만점
디저트 & 홈베이킹

요리는 못 해도 결혼 전부터 유일하게 자신 있었던 게 바로 빵과 쿠키를 만드는 일이었다.
세상에 하나밖에 없는 나만의 케이크를 만들어 소중한 사람들에게 선물하는 기쁨이란!
그래서 누가 가르쳐주지 않아도 틈틈이 혼자서 책을 보고 레시피도 찾아가며 배워나갔다.
덕분에 발렌타인 데이나 빼빼로 데이를 비롯한 각종 기념일에
직접 만든 초콜릿과 쿠키로 남편을 감동시키고,
결혼 전엔 시어머니께 직접 구운 케이크나 파이를 자주 선물해드려 후한 점수를 따기도 했다.
우리 가족의 마음을 사로잡고 눈과 입을 즐겁게 해주는 달콤한 디저트.
나의 작은 노력이 누군가를 미소 짓게 할 수 있어 참 행복하다.

생과일아이스바
홈메이드 레모네이드
과일젤리
매실토마토주스
어버이날 카네이션쿠키
홈메이드 생강절임
밥통치즈케이크
호두파이
메이플시럽을 뿌린
바움쿠헨

LE CREUSET

생과일 아이스바

평생 다툴 일 없을 것 같았던 우리 부부도, 가끔은 정말 사소한 일에 얼굴을 붉히기도 해요.
그 순간은 서운하고 화가 치밀어도, 시원하고 달콤한 아이스바 하나 먹고 나면 어느새 마음이 풀어지죠.

Recipe

6개 분량
오렌지 1개
키위 1개
딸기 6개
블루베리 약간
청포도 주스 혹은
탄산수 300mL

아이스바를 얼릴 때, 오렌지 주스나 포도 주스 등을 넣어도 맛있지만, 투명한 색깔의 주스를 넣으면 과일이 비쳐서 더욱 먹음직해 보여요.

1

과일은 먹기 좋은 크기로 자르고, 포도는 씨를 도려 내어 적당히 잘라요.

2

아이스바 틀에 과일을 차곡차곡 넣어요.

3

주스나 탄산수 등을 넣어요.

4

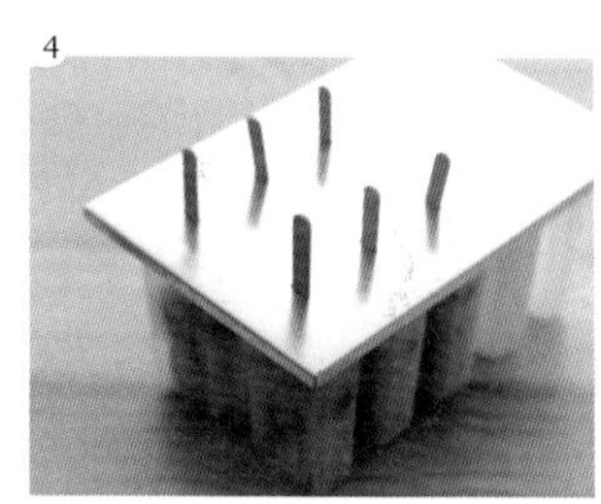

나무 스틱을 꽂은 다음 냉동실에서 6시간 정도 얼리면 완성.

홈메이드 레모네이드

고단한 하루를 마치고, 온종일 수고한 나에게 주는 힐링 푸드.
때로는 시원하게, 때로는 따뜻하게 마시는 레모네이드 한잔에 피로가 눈 녹듯 사라져요.

Recipe

레몬 12개(1.5kg)
설탕 1.5kg
식초
베이킹 소다

레몬은 껍질째 먹기 때문에 세척이 가장 중요해요.

1

레몬은 먼저 흐르는 물에 씻은 후, 차가운 물에 식초 1큰술을 떨어뜨리고 30분간 담가 농약이나 왁스를 제거해요.

2

소금이나 소다를 묻혀 손으로 박박 문지른 다음 흐르는 물로 세척해 레몬껍질에 묻은 이물질을 제거해요.

3

깨끗하게 세척한 레몬을 일정한 두께로 얇게 잘라요.

4

미리 열소독한 유리병에 레몬과 설탕을 차곡차곡 넣어요.

5

가장 윗부분에 설탕을 듬뿍 뿌리면 완성.

PLACE DEDANS.
café

과일젤리

금연을 결심한 남편. 금연 중에는 입이 심심해져 자꾸 간식을 찾게 된다는데, 기특한 남편을 위해 달콤하고 건강한 간식을 준비했어요. 무심코 담뱃갑을 찾는 손에 살포시 젤리를 건네봅니다.

Recipe

디저트 컵 3개 분량

- 키위 1개
- 오렌지 1개
- 블루베리 약간
- 파인애플 약간
- 리치 약간
- 방울토마토 약간
- 물 150mL
- 설탕 2큰술
- 레몬즙 1큰술
- 판 젤라틴 2~3장

동글이의 Tip

판 젤라틴은 동물의 연골, 힘줄, 가죽 등에서 나오는 천연 단백질 콜라겐으로 만들었어요. 물에 불리면 팽창하고, 냉각시키면 굳는 성질이 있어 젤리나 무스 등을 만들 때 사용해요.

1

과일은 먹기 좋은 크기로 잘라 준비해요.

2

작은 팬에 분량의 물과 설탕, 레몬즙을 넣고 설탕이 녹을 정도로만 끓여요.

3

그 사이 판 젤라틴은 물에 담가 불려요.

4

불린 판 젤라틴을 건져 설탕물에 넣고 잘 섞어요.

5

디저트 컵의 80% 가량 과일을 채워준 다음, 한 김 식은 4를 과일에 붓고, 냉장실에 1시간 이상 두면 과일 젤리 완성.

과일이라면 예쁘게 깎아 입에 넣어줘도 잘 안 먹는 남편이지만, 희한하게도 주스로 만들어주면 잘 먹어요.
토마토의 상큼함과 매실청의 새콤달콤함이 어우러진 매실토마토주스! 천연 소화제로도 좋아요.

방울토마토 30개
매실청 50mL
물 200mL

토마토는 그냥 먹는 것보다 익혀서 먹는 게 흡수율이 좋아요. 끓는 물에 살짝 데친 데다 껍질까지 벗겨서 소화도 잘 되고, 설탕 대신 매실청에 재워 놓으니 맛은 물론 영양도 뛰어나요.

1

방울토마토는 꼭지를 떼고, 깨끗하게 씻어요.

2

미리 열소독한 유리병에 매실청과 물을 넣고 잘 섞어 냉장실에 보관해요.

3

토마토는 끓는 물에 살짝 데쳐요.

4

방울토마토의 껍질을 벗겨요.

5

2에 껍질을 벗긴 방울토마토를 넣고 냉장고에서 반나절 이상 숙성시키면 완성.

어버이날 카네이션쿠키

선물이란 참 묘해서 때로는 받는 사람보다 준비하는 사람이 더 들뜨고 즐겁죠.
어버이날에 양가 부모님께 만들어드린 카네이션 쿠키가 바로 그랬어요.
예뻐서 아깝다고 몇 주가 지나도 안 드시고 화장대에 걸어두셨던 친정엄마.
이젠 매년 어버이날 때마다 만들어 드릴 거예요.

Recipe

약 25개
박력분 280g
버터 70g
달걀 1개
설탕 80g
소금 ¼ 작은술
백련초가루 약간
말차가루 약간

1

실온에 둔 말랑해진 버터에 설탕을 넣고 부드럽게 풀어요.

2

달걀을 넣고 잘 저어요.

3

미리 체쳐 둔 박력분에 소금을 넣고, 주걱이나 스패출라로 가르듯이 섞어요.

4

날가루가 보이지 않으면 랩이나 비닐에 싸서 편편하게 한 다음, 냉장고에 1시간 이상 휴지시켜요.

5

휴지가 끝난 반죽은 종이 호일이나 랩을 깔고 3~4mm 두께로 고르게 밀어요.

한 번에 많이 묻히지 말고, 아주 조금씩 여러 번 톡톡 두드려줘야 번지지 않아요.

6

스텐실을 올리고 작은 붓이나 면봉을 이용해 백련초가루와 말차가루를 살짝 묻혀 스텐실 위에 콕콕 두드리듯 색을 입혀주세요.

7

스텐실을 반죽에서 조심스레 떼어 내고 쿠키 커터로 꾹 눌러요.

8

밑에 깔아두었던 랩이나 테프론시트를 살짝 들어 반죽을 쿠키 팬 위에 조심스레 올려요. 예열된 170도 오븐에서 8~10분간 구우면 완성.

스텐실 쿠키는 너무 오래 구우면 색을 입힌 부분이 변할 수 있으므로 쿠키가 다 익을 정도로만 구워야 예뻐요. 간혹 반죽을 두껍게 민 경우엔 쿠키 위에 쿠킹호일을 덮어서 좀 더 구워요.

Ginger

홈메이드 생강절임

목이 자주 붓고 칼칼해질 땐 생강절임이 특효약이죠. 은은하게 퍼지는 생강의 향과 약간 매운 듯 톡 쏘는 맛이 달콤한 꿀과 잘 어우러져 따뜻하게 한잔 마시면 몸도 마음도 가뿐해져요.

Recipe

생강 200g
꿀 200g

생강에 들어있는 단백질 분해효소가 위와 장 운동을 촉진시키고, 생강의 맵고 알싸한 성분인 진저롤과 쇼가올은 강한 살균 작용을 해요. 감기 기운이 있을 때나 복통, 설사 등을 할 때 생강차를 마시면 좋아요.

1

생강은 흙을 털어내고 숟가락이나 필러로 껍질을 벗긴 뒤 깨끗하게 헹궈요.

2

체에 밭쳐 물기를 뺀 뒤 얇게 저며요.

3

미리 열소독한 유리병에 얇게 저민 생강을 켜켜이 담아요.

4

같은 양의 꿀을 넣고 상온에서 하루 숙성시켰다가 냉장보관해요.

밥통 치즈케이크

따사로운 휴일 오후, 여유로운 티타임을 원한다면 커피 한 잔과 치즈케이크 한 조각을 준비해 보세요. 크게 떠서 한입 먹으면 미소가 절로 나는 치즈케이크! 오븐 없이도 쉽게 만들 수 있어요.

Recipe

3인용 밥통 기준
크림치즈 250g
달걀 2개
설탕 3큰술
생크림 50mL
박력분 2큰술
옥수수전분 1작은술
바닐라 익스트랙 1작은술
블루베리 20~30알
통밀 쿠키 10개
우유 1큰술
버터 20g

1

일회용 봉지나 지퍼팩에 통밀 쿠키를 넣고 밀대로 곱게 빻아요.

2

우유와 버터를 넣고 한데 잘 뭉쳐요.

3

실온에 두어 말랑해진 크림치즈를 거품기로 잘 풀어준 다음, 분량의 설탕과 바닐라 익스트랙, 달걀을 넣어 섞어요.

4

생크림과 레몬즙을 넣어요.

5

미리 체에 쳐둔 박력분과 옥수수전분을 넣고 가볍게 섞어요.

6

밥통 바닥에 2를 꼼꼼히 눌러가며 깔아요.

7

만들어둔 반죽을 넣고, 기포가 없어지도록 밥통을 탕탕 쳐주세요.

8

블루베리를 넣고, 만능찜 버튼을 눌러 45분간 취사해요. 윗면을 손가락으로 살짝 만졌을 때 안 묻어 나오면 완성.

통밀 쿠키 대신 식빵을 밀대로 밀어 밥동 바닥에 촘촘히 깔아도 좋아요.

호두파이

빵이나 쿠키를 좋아하지 않는 남편도 제가 만든 호두파이만큼은
이 세상에서 최고라며 칭찬을 아끼지 않아요. 남편의 아낌없는 격려에
힘이 불끈, 의욕이 샘솟아 오늘도 우리 집엔 파이 굽는 냄새가 가득해요.

Recipe

19cm(깊은 파이틀 1개)

파이지

- 중력분 120g
- 슈가 파우더 1큰술 반
- 소금 한꼬집
- 버터 30g
- 물 10g

필링

- 달걀 1개
- 생크림 30g
- 바닐라 익스트랙 1작은술
- 시나몬 가루 1큰술
- 다진 호두 100g
- 아몬드 슬라이스 2큰술
- 호박씨 1큰술
- 황설탕 1큰술
- 올리고당 2큰술

1

중력분과 슈가 파우더, 소금, 버터를 넣고 고슬고슬 섞어준 다음, 분량의 물을 넣어 반죽해요.

2

반죽을 한 덩이로 잘 뭉친 다음, 랩이나 비닐에 씌워 냉장고에서 30분~1시간 가량 휴지시켜요.

3

견과류는 달군 프라이팬에 기름 없이 살짝 볶아요.

4

볼에 달걀과 생크림, 설탕, 올리고당, 바닐라 익스트랙, 시나몬 가루를 넣고 잘 섞어요.

5

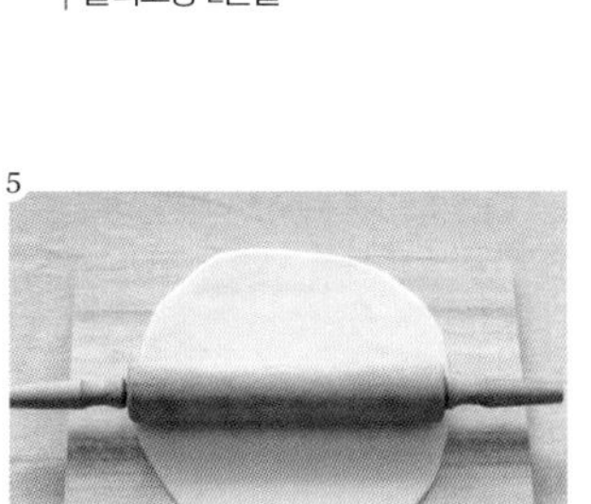

냉장고에서 꺼낸 반죽을 밀대로 얇고 평평하게 고루 밀어요.

6

반죽을 파이틀에 담고 바닥과 옆면을 꾹꾹 눌러준 다음, 파이틀에 맞게 가장자리를 정리해요.

7

포크로 파이지 밑면을 찍어요.

8

남은 반죽을 밀대로 밀어 영문 쿠키 커터로 모양을 내요.

9

파이지에 견과류와 필링을 가득 담고, 모양낸 반죽을 올려요. 예열한 180도 오븐에서 20~25분간 구워주면 완성.

반죽을 냉장고에 넣어 숙성시키면 수분이 골고루 퍼지고 글루텐이 형성되어 맛이 더욱 좋아져요. 단, 반죽을 냉장고에 넣을 때에는 반드시 비닐이나 랩으로 씌워서 수분이 증발되지 않도록 해야 합니다.

메이플 시럽을 뿌린 바움쿠헨

굵은 막대에 반죽을 여러 겹으로 돌돌 말아 굽는 케이크, 바움쿠헨. 잘라 놓은 모양이 마치 나무의 나이테와 비슷해서 나이테 케이크라고도 불리는데요. 부드럽고 촉촉해서 시럽을 곁들이면 입안에서 살살 녹아요.

Recipe

달걀 5개
설탕 8큰술
박력분 1컵 반
베이킹 파우더 ½큰술
식용유 2큰술
우유 ½컵
메이플 시럽 적당량
블루베리 약간

1

달걀 5개에 설탕을 2~3번에 나누어 넣으면서 거품을 내요.

2

전동 거품기나 믹서기를 사용해서 거품이 풍성해지면서 살짝 걸쭉해질 때까지 저어요.

3

분량의 밀가루와 베이킹 파우더, 식용유와 우유를 넣어 반죽을 섞어요.

4

프라이팬에 반죽을 최대한 얇게 펴서 구워주세요.

5

빨대에 오일을 약간 바르고, 반죽을 돌돌 말아요.

6

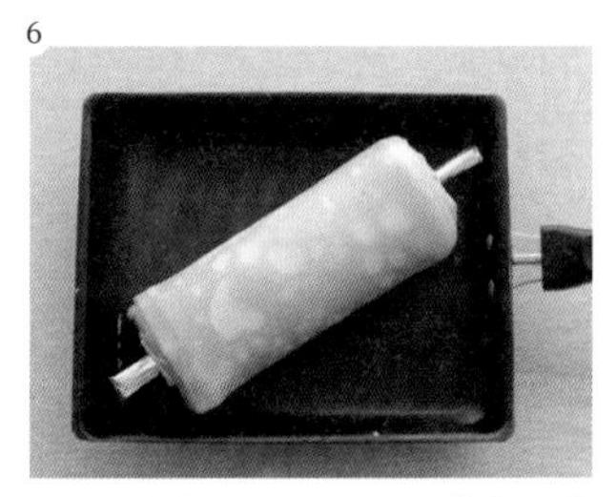

얇게 펴발라 굽고 돌돌 말아주기를 5~6차례 반복하면 한번에 다 감기지 않을 정도의 두께가 돼요. 마지막 겹은 끝이 풀어지지 않게 잔열로 살짝 구워요.

7

빨대를 살살 돌려서 빼요.

8

식은 다음, 알맞은 두께로 잘라 메이플 시럽과 블루베리를 곁들이면 완성.

반죽을 최대한 얇게 부치고,
틈이 없도록 촘촘하게 말아주는 게 관건이에요!

간단하고 맛있는 홈메이드 드레싱

샐러드와 다른 요리의 소스로 다양하게 활용할 수 있는 드레싱.
같은 식재료에 드레싱만 바꿔도 전혀 다른 요리가 만들어지죠.
집에서도 쉽고 간단하게 만들 수 있는 드레싱을 소개합니다.

홈메이드 마요네즈
달걀노른자 1개, 올리브유 ½컵, 소금 1작은술, 다진 마늘 1작은술, 디종 머스터드 1작은술, 후춧가루 약간

두유 마늘 마요네즈
두유 200mL, 올리브유 60mL, 다진 마늘 1큰술, 레몬즙 3큰술, 소금 ⅓작은술, 올리고당 1큰술, 파슬리가루 1큰술, 후춧가루 ½작은술

두부 마요네즈
으깬 두부 1모, 머스터드 2큰술, 사과 식초 2큰술, 소금 약간, 후춧가루 약간

참깨 드레싱
참깨 4큰술, 올리브유 3큰술, 레몬즙 1큰술, 올리고당 1큰술, 다진 마늘 ½작은술, 물 2큰술, 소금 한 꼬집, 후춧가루 약간

만다린(오렌지) 드레싱
오렌지 1개, 식초 2큰술, 올리브유 2큰술, 올리고당 1큰술, 레몬즙 1큰술, 소금 약간

어니언 발사믹 드레싱
다진 양파 ½개, 올리브유 3큰술, 발사믹 비네거 3큰술, 올리고당 1큰술, 소금 한 꼬집, 바질가루 1작은술, 후춧가루 약간

레몬 드레싱
레몬청 4큰술, 레몬즙 1큰술, 간장 1큰술, 식초 1큰술

코울슬로 드레싱
포도씨유 3큰술, 마요네즈 2큰술, 식초 2큰술, 설탕 1큰술, 소금 ½작은술, 후춧가루 약간

각각의 드레싱은 믹서기나 초퍼에 소스 재료를 넣고 갈면 완성됩니다!

미소 된장 드레싱
미소된장 1큰술, 레몬즙 2큰술, 식초 1큰술, 깨 2큰술, 참기름 2큰술, 매실청 약간, 소금 약간, 후춧가루 약간

에그 드레싱
삶은 달걀 1개, 올리브유 5큰술, 식초 3큰술, 레몬즙 1작은술, 설탕 1큰술, 머스터드 1큰술, 다진 마늘 1작은술, 소금 약간, 후춧가루 약간

시저 드레싱
엔초비 50g, 달걀노른자 1개, 레드와인 비네거 50mL, 마늘 1톨, 생크림 100mL, 디종 머스터드 1큰술, 포도씨유 또는 유채씨유 400mL

아보카도 딥
아보카도 1개, 레몬즙 1큰술, 마스카라포네 치즈 50g, 소금 약간

동글이의 핫플레이스

재래시장부터 대형 마트, 수입 식재료 마트, 수입 주방용품과 특이한 주방 소품을 파는 인터넷 쇼핑몰까지! 제가 즐겨 찾는 핫 플레이스들을 소개합니다.

재래시장

요즘은 재래시장이 한결 깨끗하고 이용하기도 편리해졌는데요. 주로 농수산물 가격이 일반 마트보다 저렴한 편이라 채소나 과일, 건어물 등을 살 때는 재래시장을 이용하는 편이에요. 특히 제철 식품을 신선하고 저렴하게 살 수 있고, 말만 잘하면 한 줌씩 덤으로 얻는 재미도 있지요. 하지만 카드 결제가 어렵다는 단점도 있어요.

대형 마트

생활에 필요한 모든 제품을 한 번에 쇼핑할 수 있어 편리해요. 특히 가격 확인이 쉽고, 무엇보다 폐점 시간이 가까워지면 각종 신선한 식품들을 할인 판매하니까 그 시간을 이용하면 생선이나 회, 과일, 채소 등을 저렴하게 살 수 있어요.

해든하우스 마켓

요즘은 수입 식품 마켓이 많이 생겼지만, 불과 몇년 전까지만 해도 참 드물었어요. 이곳은 수입 식품 마켓의 원조 격이라 할 수 있는데요. 양고기나 칠면조 고기부터 햄과 살라미, 치즈는 물론 각종 향신료와 소스, 제빵 재료에 이르기까지 다양한 외국 식자재를 구매할 수 있어요. 최근에는 세계 각지의 맥주, 특히 수제 맥주를 선보이고 있어 맥주 마니아들의 발걸음이 이어지고 있어요.

주소 서울시 성동구 옥수동 220-1 한남하이츠 상가 지하 1층
영업시간 아침 8시~ 저녁 9시 | 문의 02-2297- 8618

SSG 푸드 마켓

다양한 수입 식자재와 프리미엄 국내 식재료를 구매할 수 있는 마켓이에요. 정육 코너에서는 1주차부터 3주차까지의 숙성육을 살 수 있고, 전 세계의 수많은 브랜드의 치즈를 만나볼 수도 있어요. 또 단호박이나 새우, 함초, 표고버섯 등으로 만든 천연 조미료와 우리나라 지역별 특색을 살린 된장, 고추장, 간장 같은 각종 장류를 만날 수 있어요.

주소 서울시 강남구 청담동 4-1 피엔폴루스 지하 1층
영업시간 오전 10시 30분~ 저녁 10시 | 문의 1588-1234

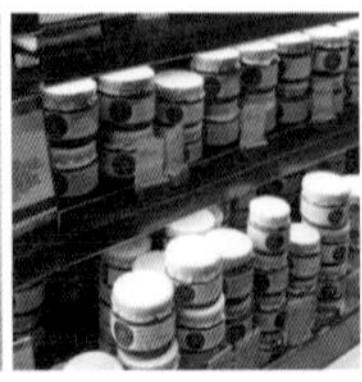

하이 스트리트 마켓

미국, 유럽 지역의 스낵과 각종 향신료, 올리브유, 소스를 비롯한 허브류, 채소, 과일 등 다양한 수입 식품을 구매할 수 있어요. 특히 이곳은 와인 코너가 인기가 많은데, 운 좋으면 수입 과정에서 라벨에 흠집이 생긴 와인을 70% 이상 저렴한 가격에 득템할 수 있어요.

주소 서울시 용산구 한남동 727-24 2층
영업시간 오전 10시~ 저녁 7시 | 문의 02-790-5457

빌리브가전

국내외 다양한 브랜드의 가전제품들을 저렴하게 구매할 수 있는 혼수 전문 대리점이에요. 냉장고나 세탁기와 같은 대형 가전에서부터 전기 레인지, 청소기, 커피 머신, 믹서기, 오븐 등 소형 가전까지 생활에 필요한 모든 가전제품이 갖춰져 있어요. 특히, 신혼부부에게 인기 많은 니보나, 지멘스, 유라, 드롱기 같은 커피 머신과 홈베이커들의 로망인 키친에이드 스탠드 믹서도 만날 수 있어요. 방문 전 전화예약은 필수.

주소 서울시 중구 신당3동 373-71 | 문의 02-2253-5678

온 라 인　쇼 핑 몰

아시아 마트

이국적인 식재료들이 가득한 온라인 쇼핑몰. 특히 동남아 요리에 많이 쓰이는 재료들을 손쉽게 구할 수 있는 곳인데요. 각종 쌀국수나 에그누들을 비롯해 파스타면, 쿠스쿠스 등의 면 종류와 동남아 쌀, 렌즈콩, 이집트콩, 각종 허브류와 소스 같은 전 세계 식료품들을 집에서 편하게 주문할 수 있어요.

www.asia-mart.co.kr

아이허브

비타민, 각종 차와 커피, 양념류와 스낵을 살 수 있는 미국 사이트에요. 한글 지원은 물론 국내 배송도 가능해서 국내에서 쉽게 구할 수 없는 식재료를 구매하기 좋아요. 무료 배송 이벤트를 활용하면 더욱 저렴하게 이용할 수 있어요.

www.iherb.com

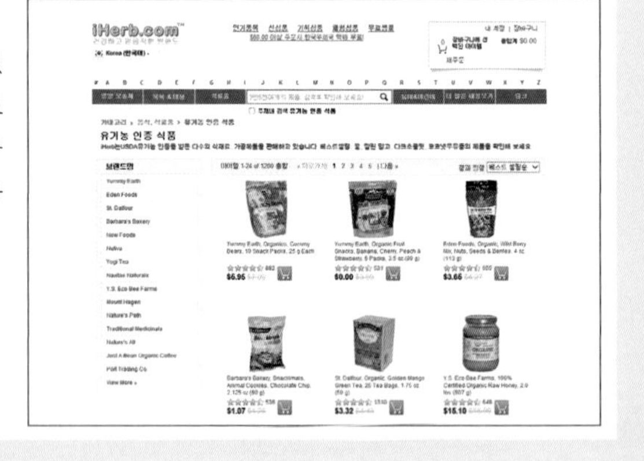

쿠키앤베이킹

홈베이킹을 위해 필요한 각종 재료부터 크고 작은 베이킹 도구들, 홈베이킹의 묘미를 더욱 만끽하게 해줄 아기자기한 포장 소품들을 판매하는 베이킹 전문 쇼핑몰이에요. 특히, 각종 재료를 소분해서 팔기도 하므로, 재료의 낭비 없이 필요한 만큼만 구매할 수 있는 매력이 있답니다.

www.cookienbaking.co.kr

제이스와이프

신혼 주부들이 꿈꾸는 사랑스러운 앞치마가 가득한 앞치마 쇼핑몰이에요. 디자이너의 세련되고 유니크한 감각이 돋보이는 패턴과 디자인이 특징인데요. 이미 스타들의 가상 결혼 생활을 보여주는 TV 프로그램에도 자주 등장한 앞치마 전문 쇼핑몰이랍니다. 집들이 선물이나 결혼 선물로 아주 좋을 듯.

www.jayswife.com

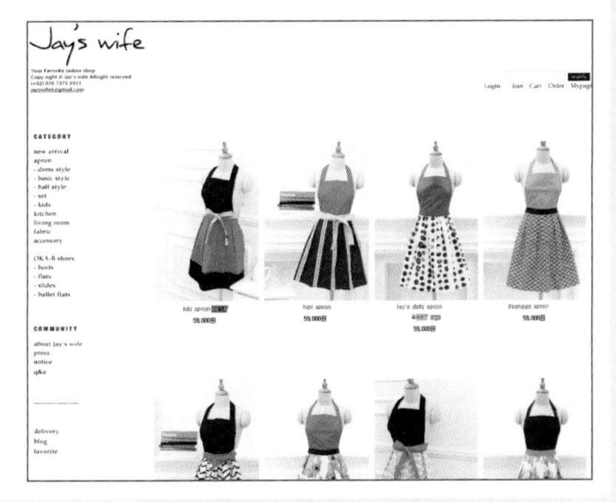

따뜻한 식탁

매일 사용해도 질리지 않는 베이직한 그릇과 요즘 선풍적인 인기를 끌고 있는 북유럽 제품들, 아기자기한 매력의 일본 주방용품들을 구매할 수 있는 쇼핑몰이에요. 주방용품뿐 아니라 가드닝 제품, 인테리어 소품까지 다양하게 구매할 수 있어요. 특히 실용적이면서도 귀엽고 깜찍한 도시락 및 피크닉 용품들은 꼭 눈여겨보세요.

www.warm-table.co.kr

쉬즈찜머

수입 주방용품들을 저렴하게 구매할 수 있는 곳이에요. 다양한 수입 그릇과 주방용품들을 만날 수 있는데요. 휘슬러나 WMF, 실리트 등의 독일 제품을 비롯해 르크루제와 차세르 등 무쇠 제품까지 만날 수 있어요. 뿐만 아니라 덴비, 로스트란트, 이딸라, 버얼리, 보덤, 호가니스, 드부이에, 죠셉죠셉, 에피큐리언 등의 다양한 브랜드를 구매할 수 있답니다.

www.sheszimmer.com

라쿠텐

의류, 가방, 신발에서부터 그릇이나 주방용품에 이르기까지 다양한 제품들을 판매하는 일본의 인터넷 쇼핑몰이에요. 저는 주로 일본 주방용품 브랜드인 스튜디오 엠이나 fog 린넨 제품들, 요즘 인기 많은 북유럽 주방 제품들을 구매할 때 이용하는데요. 국내보다 저렴하게 살 수 있는 장점이 있지만, 교환이나 환불이 어려운 단점도 있어요.

www.rakuten.co.jp

말랑루나

일러스트 작가 말랑루나의 홈패브릭 작품을 만날 수 있는 온라인 숍이에요. 작가의 개성 넘치는 일러스트가 담긴 티매트, 앞치마, 티코스터, 쿠션, 패브릭 액자 등이 가득하답니다.

www.mallangluna.com

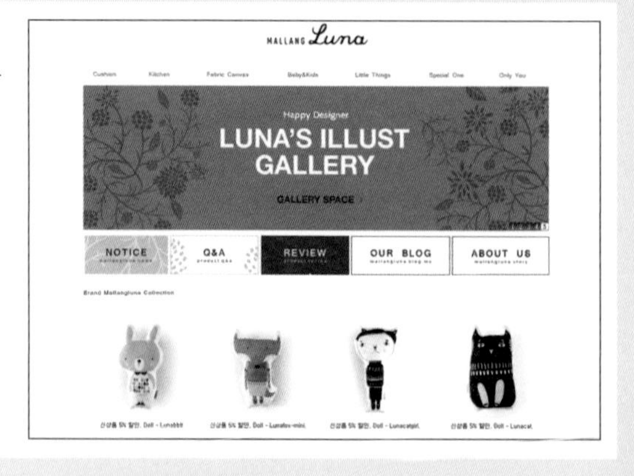

그 외 주방용품 해외 직구 사이트

로얄 디자인
www.royaldesign.com

스칸디나비아디자인센터
www.scandinaviandesigncenter.com

아마존닷컴
www.amazon.com

핀스타일닷컴
www.finnstyle.com

빌레로이앤보흐
www.villeroy-boch.com

테이블웨어
www.tableware.uk.com

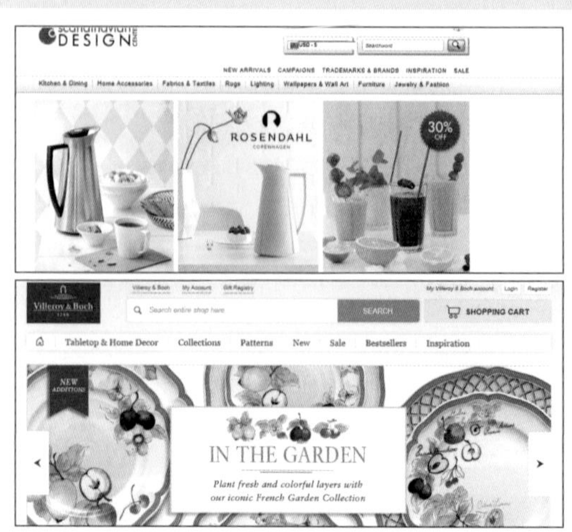

Index

ㅂ

Index

지은이 박윤영

초판 1쇄 발행 2014년 4월 25일
초판 2쇄 발행 2014년 7월 25일

발행인 | 장인형
임프린트 대표 | 노영현
펴낸 곳 | 다독다독
종이 | 대현지류
출력 · 인쇄 | 꽃피는청춘

출판등록 제313-2010-141호
주소 서울특별시 마포구 월드컵북로 4길 77, 353
전화 02-6409-9585
팩스 0505-508-0248

ISBN 978-89-98171-11-7 13590

다독다독은 틔움출판의 실용·아동 임프린트 입니다.